미대엄마와
함께 가는
미술관 여행

아이와 꼭 한 번 가봐야 할 미술관 12

미대엄마와 함께 가는 미술관 여행

최미연(미대엄마) 지음

로그인

아이와 감성을 공유하며 추억을 만들어 보세요

아이와 미술관에 가는 길은 언제나 설렘 가득한 발걸음으로 시작됩니다. 오랫동안 미술을 가까이하며 수많은 미술관과 갤러리를 다녀왔지만 아이와 함께 작품을 보러 가는 길은 늘 새롭고 감동적입니다. 처음 마주한 작품을 호기심 어린 눈빛으로 바라보는 딸아이를 보며 저도 미술을 더 깊이 사랑하게 되었고요. 작품 앞에서 나누었던 아이의 기발한 생각과 해석은 제게 미술 작품을 새롭게 바라보는 눈을 열어주었고, 모든 순간순간이 저에게는 작은 선물처럼 느껴졌어요. 미술관은 단순히 그림을 감상하는 공간을 넘어 아이와의 관계를 더욱 단단하게 만들어주는 특별한 장소가 되었습니다.

기억에 남는 미술관 여행 중 하나는 아이와 국립현대미술관에 방문했을 때예요. 그날 우리는 커다란 추상화를 감상했어요. 제가 보기엔 복잡하고 난해한 그림 같았는데, 딸아이는 한참을 바라보더니 "엄마, 이건 하늘에서 물방울이 춤추는 것 같아요!"라고 말했어요. 그 한마디에 저도 다시 그림을 보게 되었지요. 아이의 말처럼 둥글고 유연한 선들은 정말 빗방울이 춤추는 것처럼 보였어요. 그 순간 깨달았어요. 어른의 눈에는 어렵고 낯설게 보이는 작품도 아이의 순수한 눈에는 하나의 즐거운 이야기로 다가올 수 있다는 걸요. 그날의 대화는 그림을 이해하려 애쓰기보다 그저 느끼고 상상하며 즐기는 것이 얼마나 중요한지를 일깨워 주었어요.

미술관에서 보내는 시간은 미술 교육을 위한 목적을 넘어서 아이와 제가 마음을 나누고 깊이 소통할 수 있게 해주었습니다. 육아와 일로 지쳤던 제 마음도 미술관에서는 따뜻한 위로를 받을 수 있었죠. 아이가 던지는 상상력 넘치는 질문들과 독특한 해석은 저를 자주 웃게 했고, 삶을 새롭게 바라보는 즐거움을 주었어요. 작품 속 색과 형태, 이야기는 아이와 제가 편안하게 이야기를 나눌 수 있는 다정한 대화의 매개체가 되어주었죠. 그림 한 점, 대화 한 마디가 우리의 하루를 얼마나 풍요롭게 만들었는지 새삼 느낄 수 있었습니다.

이런 경험들로 저는 미술을 어렵게 느끼거나 미술관을 낯설어하는 부모와 이 시간을 나누고 싶다는 마음을 품게 되었어요. 미술관은 결코 특별한 사람들만의 공간이 아닙니다. 누구나 쉬어 갈 수 있는 쉼터이자 힐링의 공간이죠. 이 책을 통해 미술관에서의 시간이 얼마나 즐겁고 깊이 있는 경험이 될 수 있는지 알리고, 한 걸음 더 가까이 다가가도록 안내하고 싶어요. 미술은 거창하거나 완벽해야 할 필요가 없어요. 아이와 함께 그림 앞에서 나눈 소소한 대화와 미소, 그 순간 느꼈던 감정들이 우리의 삶을 더 풍요롭게 만들어주고, 나와 내 주변을 이해하는 데 도움을 준답니다.

저는 앞으로 아이와 전 세계의 미술관을 다니고 싶어요. 딸아이의 손을 잡고 더 넓은 세상을 걸으며 미술이 주는 기쁨과 위로를 함께 나누고 싶습니다. 우리가 함께 보낸 미술관에서의 시간이 아이 마음속에 작은 씨앗처럼 남아 더 단단하고 풍요로운 마음을 가진 어른으로 성장하는 데 도움이 되길 바랍니다. 이 책이 부모와 아이들에게 미술관 여행의 특별함을 전하고, 미술이 우리 삶에 가져다주는 따뜻함과 아름다움을 느끼게 해주었으면 좋겠어요.

부모가 된다는 것은 매일 예측할 수 없는 세계로 발걸음을 내딛는 일이기도 합니다. 그 여정 속에서 아이에게 가장 주고 싶은 선물 중 하나가 바로 다양한 감각의 경험입니다. 저는 아이가 다양한 예술 작품 앞에서 느끼는 호기심과 순수함이야말로 삶을 견디게 하는 커다란 힘이라고 믿습니다. 크고 거창한 이해가 없어도 괜찮아요. 때로는 작품 하나를 오래 들여다보며 "이건 하늘에서 물방울이 떨어지는 것 같아요"라는 짧은 감상만으로도 하루가 충분히 풍요로워질 수 있답니다.

바라건대, 아이와 함께 미술관 여행을 떠나보세요. 거창한 계획이나 완벽한 지식이 없어도 괜찮습니다. 눈으로 작품을 보고, 귀로 전시장의 분위기를 듣고, 마음으로 예술의 온

기를 느끼기만 해도 좋아요. 머릿속에 떠오르는 작은 상상을 아이와 주고받아 보세요. 그 순간이 쌓이고 쌓여서 서로에게 잊을 수 없는 추억을 선물해 줄 것입니다.

앞으로도 저는 아이 손을 잡고 더 많은 미술관을 찾아다니려 합니다. 그 여정에 친정엄마를 향한 마음도 함께 넣으려 합니다. 우리가 함께할 미술관에서의 모든 추억이 엄마께 작은 위로와 희망이 되길 소망하며, 놀이터이자 마음의 쉼터인 미술관에서 더 많은 추억을 쌓아가고 싶습니다.

아이와 떠나는 미술관 여행은 그 자체로 놀라운 모험입니다. 그리고 그 모험은 그림이나 작품 앞에서 자유로운 상상을 펼쳐 보이는 아이에게서 더 크고 밝게 빛나리라 믿습니다. 이제, 아이와 함께 미술관 여행을 떠나볼까요?

미술이 친구가 되는 그날까지
미대엄마 최미연

아이와 함께 미술관에 간다는 것

이 책은 "아이와 함께 미술관에 가고 싶은데 어떻게 해야 할까?"라는 고민에서 출발했습니다. 많은 부모가 아이와 미술관을 방문하고 싶어 하지만 어떻게 준비해야 할지, 미술관에서 어떤 대화를 나누면 좋을지 몰라 막막함을 느끼곤 합니다. 그 고민을 덜고 미술관 경험을 더욱 의미 있게 만들 수 있도록 세 단계로 구성했습니다. 책의 흐름을 따라 아이와 함께 미술관을 경험하고 작품을 감상하며 자연스럽게 교감하는 시간을 가져보세요. 미술관에서의 작은 순간들이 쌓여 아이의 창의력과 감수성을 키우고, 즐거웠던 나들이는 가족의 특별한 추억으로 남을 거예요.

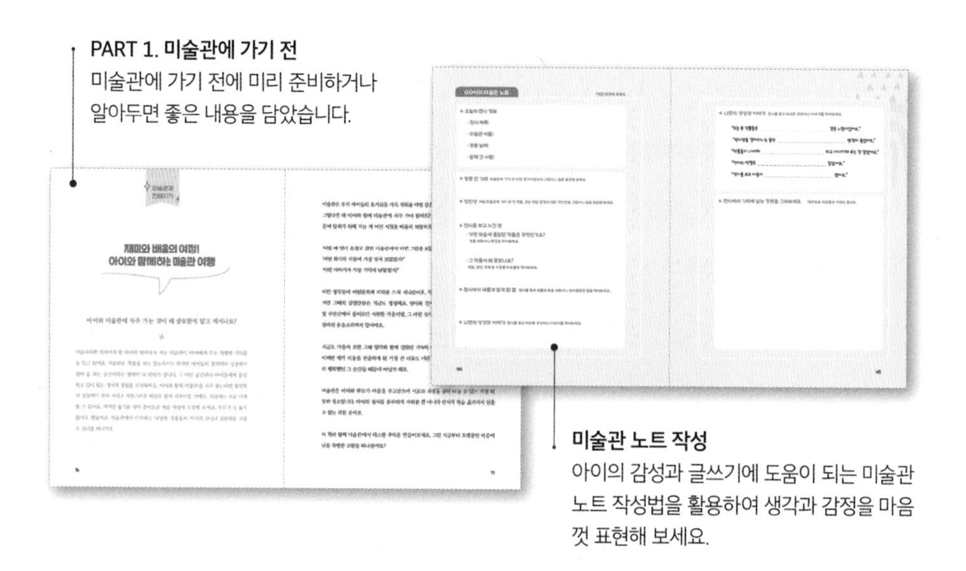

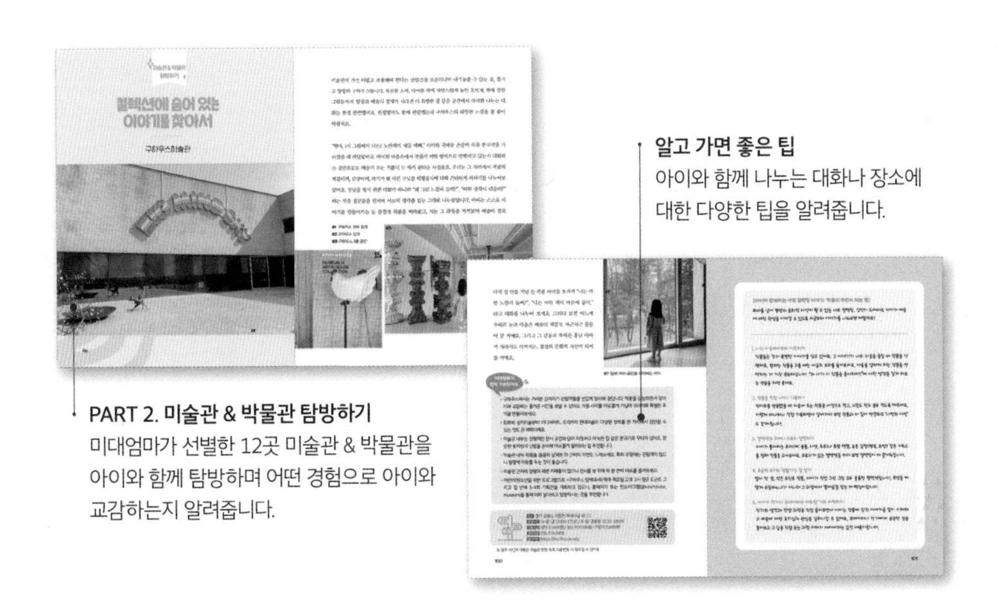

알고 가면 좋은 팁
아이와 함께 나누는 대화나 장소에 대한 다양한 팁을 알려줍니다.

PART 2. 미술관 & 박물관 탐방하기
미대엄마가 선별한 12곳 미술관 & 박물관을 아이와 함께 탐방하며 어떤 경험으로 아이와 교감하는지 알려줍니다.

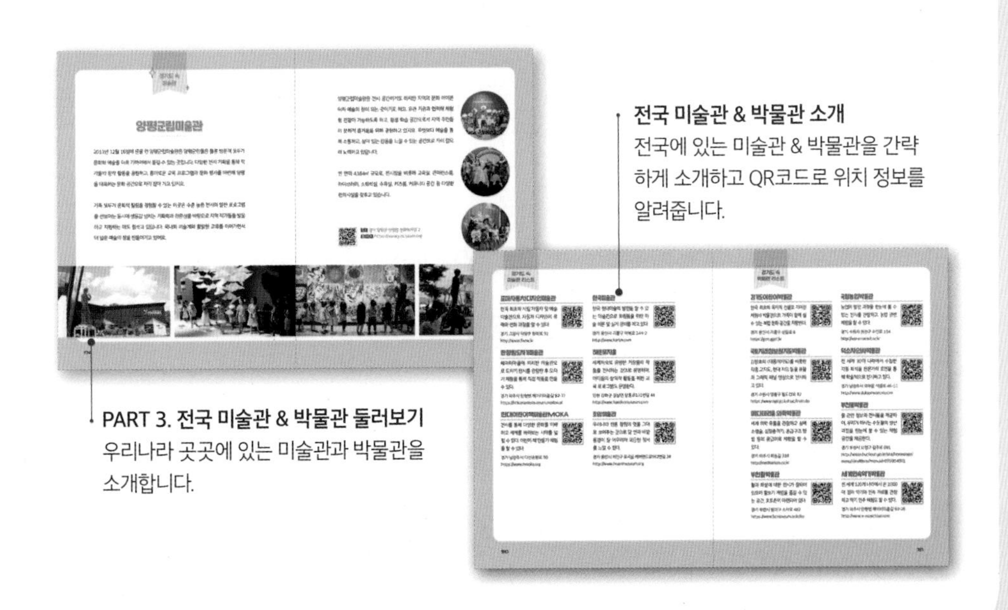

전국 미술관 & 박물관 소개
전국에 있는 미술관 & 박물관을 간략하게 소개하고 QR코드로 위치 정보를 알려줍니다.

PART 3. 전국 미술관 & 박물관 둘러보기
우리나라 곳곳에 있는 미술관과 박물관을 소개합니다.

PART 1.
미술관과 친해지기

PART 2.
미술관 & 박물관 탐방하기

PART 3.
전국 미술관 & 박물관 둘러보기

PART 1

미술관과 친해지기

미술관과 친해지기 위해 알아두면 좋은 몇 가지 내용을 정리해 보았어요.
아이와 함께 미술관을 여행하면서 교감을 시작해 보세요.

재미와 배움의 여정!
아이와 함께하는 미술관 여행

아이와 미술관에 자주 가는 것이 왜 중요한지 알고 계시나요?

미술치료학 박사이자 한 아이의 엄마로서 저는 미술관이 아이에게 주는 특별한 가치를 늘 믿고 있어요. 미술관은 작품을 보는 장소이기도 하지만 아이들의 창의력과 상상력이 살아 숨 쉬는 공간이라는 점에서 더 의미가 큽니다. 그 어떤 공간보다 아이들에게 풍성하고 깊이 있는 정서적 경험을 선사하지요. 아이와 함께 미술관을 자주 찾는다면 창의력과 상상력이 쑥쑥 자라고 자연스러운 학습도 함께 이루어질 거예요. 처음에는 조금 어색할 수 있어요. 하지만 용기를 내어 흥미로운 예술 여정에 도전해 보세요. 부모가 늘 돕지 않아도 괜찮아요. 미술관에서 마주하는 다양한 작품들이 아이의 감성과 표현력을 저절로 길러줄 테니까요.

미술관은 우리 아이들의 호기심을 가득 채워줄 마법 같은 창의력의 공간이랍니다.
그렇다면 왜 아이와 함께 미술관에 자주 가야 할까요? 생각해 보신 적이 있나요? 이 질문에 답하기 위해 저는 제 어린 시절을 떠올려 보았어요.

'어릴 때 엄마 손잡고 갔던 미술관에서 어떤 그림을 보았더라?'
'어떤 화가의 작품이 가장 멋져 보였었지?'
'어떤 이야기가 가장 기억에 남았었지?'

이런 생각들이 어렴풋하게 머리를 스쳐 지나갔어요. 작품의 모습들은 어느새 흐릿해졌지만 그때의 감정만큼은 지금도 생생해요. 엄마와 전시를 보고 나오던 길, 예술의전당 옆 우면산에서 불어오던 시원한 가을바람, 그 바람 속에 묻어 있던 상쾌한 냄새, 그리고 엄마의 웃음소리까지 말이에요.

지금도 가을이 오면 그때 엄마와 함께 걸었던 기억이 따뜻하게 마음을 감싸곤 합니다. 어쩌면 제가 미술을 전공하게 된 가장 큰 이유도 어린 시절 엄마와 함께한 미술관에서의 행복했던 그 순간들 때문이 아닐까 해요.

미술관은 아이와 부모가 마음을 주고받으며 서로의 감정을 깊이 나눌 수 있는 가장 따뜻한 장소입니다. 아이의 정서를 풍부하게 가꿔줄 뿐 아니라 인지적 학습 효과까지 얻을 수 있는 귀한 곳이죠.

이 책과 함께 미술관에서 따스한 추억을 만들어보세요. 그럼 지금부터 오랫동안 마음에 남을 특별한 모험을 떠나볼까요?

아이와 엄마가 함께 창의력 키우기

미술관은 상상력이 끝없이 펼쳐지는 마법 같은 놀이터입니다. 창의력을 키우기에 더없이 좋은 곳이죠. 다채로운 색감으로 가득한 그림부터 사람 키를 훌쩍 넘는 커다란 조각품까지 미술관에선 다양한 작품을 직접 보고 느낄 수 있어요. 책이나 화면으로 보는 것과는 달리 공간 전체를 몸과 마음으로 경험하기 때문에 훨씬 더 생생한 감동을 얻을 수 있답니다.

감각을 깨우는 멋진 예술 작품들 속에서 아이의 창의력은 자극받고 무럭무럭 자라날 거예요. 부모와 아이가 함께 작품을 보며 생각을 나누고 마음을 교감하면서 서로의 창의력을 발견하는 특별한 시간을 가져보세요.

❶ 아이의 시선을 따라가세요.

아이와 함께 작품을 감상하고 이야기를 나눠보세요. 아이가 유독 흥미를 보이는 작품이 있다면 그 기회를 놓치지 말고 꼭 대화를 이어가 보세요.

아이가 관심을 갖는 작품이 있다면

- 사진으로 찍어두었다가 전시 관람이 끝난 후 다시 사진을 보며 이야기를 나눠보세요.
- 화가의 이름과 작품의 제목을 적어두었다가 연관된 자료를 찾아보아요.
- 화가에 대한 영상 자료(영화, 이야기 등)를 함께 감상해 보세요.
- 미술관에서 나눠주는 전시 자료가 있다면 엄마가 읽어 보고 쉽게 이야기해 주세요.

작품을 실제로 감상한 후 사진이나 영상으로 다시 보면서 아이와 함께 깊이 탐구해 보세요. 분명 이전엔 보이지 않았던 숨겨진 보물을 발견하게 될 거예요. 아이들은 어른과는 다른 시선으로 작품을 바라보기 때문에 때로는 놀라운 것들을 찾아내곤 하거든요. 아이만의 신비롭고 창의적인 눈을 믿고 그 특별한 능력을 마음껏 키울 수 있게 해주세요. 아이는 발견할 수 있답니다.

❷ 작품 속 보물찾기를 해보세요.

미술관에 가기 전 홈페이지에서 전시의 주제나 작품의 특징을 미리 살펴보고 아이와 함께 간단한 게임을 만들어 보세요. 어려울 것 같다고요? 전혀 걱정할 필요 없어요. 아이가 이해할 수 있는 쉬운 문장 몇 개만 적어 가도 충분하니까요. 간단한 준비로 미술관 방문이 더욱 즐거운 놀이가 될 거예요.

질문 예시

- 파란색이 가장 많은 작품을 찾아볼까?
- 가장 큰 작품은 어디에 있을까?
- 집이 그려진 작품을 찾아볼까?
- 물감이 아닌 다른 재료로 만들어진 조각품을 찾아보자!

이와 같이 쉽고 간단한 질문부터 시작해 보세요. 단순히 질문의 답만을 찾아내는 게임이 아닙니다. 질문은 작품을 조금 더 깊이 있게 관찰하고 화가의 작품 세계를 탐구할 수 있도록 도와주는 장치가 됩니다. 짧은 시간에 생각한 단순한 질문들을 통해 아이가 미술 작품과 미술관에 흥미를 느끼고 즐길 수 있도록 도와주세요. 아무런 준비 없이 전시 공간에 들어가는 것보다 훨씬 더 많은 보물을 찾을 수 있을 거예요.

❸ 카메라를 아이에게 맡겨보세요.

전시의 특성상 사진 촬영이 허용되는 곳이 있고, 그렇지 않은 곳도 있을 거예요. 사진 촬영이 가능한 곳에서는 아이에게 카메라를 맡겨 보세요. 스마트폰 카메라도 좋고 어린이용 카메라도 좋아요. 이때는 플래시와 셔터음을 끄는 게 기본적인 예의겠죠? 주변 사람들의 얼굴이나 몸이 찍히지 않도록 주의하는 방법도 미리 아이와 이야기해 보세요.

사진 찍기를 좋아하는 아이는 흥미를 느끼며 자신만의 구도로 작품을 담아낼 거예요. 작품을 감상하는 엄마 아빠의 뒷모습을 촬영해 보기도 하고, 작품을 담아 보기도 하며 자신만의 사진 작품을 만들 것입니다.

아이에게 이렇게 미션을 주면 좋아요

- 미술관에서 가장 인상 깊었던 작품 사진을 세 장 이상 찍어주세요. 집에 돌아와서 사진을 보며 그 작품이 왜 기억에 남았는지 함께 이야기해 보아요.
- 미술관에서 가장 신기했던 장면이나 물건의 사진을 찍어주세요. 집에 돌아온 뒤 미술관 일지나 일기장에 사진을 붙이고 신기했던 이유를 적어보아요.

이렇게 작품과 미술관에 대한 기억을 사진으로, 또다시 글로 정리해 보면 엄마와 함께 갔던 미술관은 아이의 기억에 더 오래 남을 거예요. 나중에 성인이 되어 다시 보더라도 추억할 수 있는 좋은 자료가 되겠지요.

아이와 미술관, 알아두면 좋은 팁

아이와의 미술관 나들이가 가진 특별한 가치를 아시나요?

미술관은 아이의 창의력과 감수성을 길러줄 뿐 아니라 엄마와 아이가 함께 마음을 나누고 따뜻한 추억을 쌓기에 정말 좋은 공간이에요. 하지만 막상 가보면 어떻게 해야 할지 막막할 때도 있어요. 그래서 아이와 미술관을 더 즐겁고 의미 있게 즐길 수 있는 방법 몇 가지를 소개해 드리려고 해요.

이 팁들을 기억하면 미술관에서 보낸 시간이 단순한 작품 감상을 넘어서 아이와 이야기하고 서로 마음을 나누며 아이의 성장을 돕는 소중한 추억으로 남을 거예요. 함께 하나씩 해보면서 특별한 경험을 만들어 보세요.

❶ 미술관에서 진행하는 아동 프로그램을 체험하세요.

아이와 함께 미술관에 방문할 때 좀 더 풍성하고 유익한 시간을 보낼 수 있는 한 가지 팁이 있어요. 바로 미술관들에서 운영하는 어린이 프로그램을 활용하는 건데요. 홈페이지에서 미리 예약해야 하는 프로그램도 있지만 현장에서 바로 참여할 수 있는 프로그램도 있답니다. 출발하기 전에 미술관 홈페이지에서 프로그램 일정과 참여 방법을 확인하고 가면 훨씬 더 알찬 시간을 보낼 수 있겠죠?

미술관 어린이 프로그램은 진행 중인 전시와 작품에 대해 잘 알고 있는 선생님이 아이들의 눈높이에 맞춰 작품에 관해 설명해 주는 도슨트를 진행합니다. 프로그램에 참여하는 과정에서 아이들은 예술을 좀 더 이해하고 예술과 더 친해질 수 있지요. 미술관이 작품을 보는 곳을 넘어 창의력과 상상력을 쑥쑥 자라게 해주는 살아 있는 배움터인 이유가 바로 여기에 있습니다.

아이와 함께 이 공간을 잘 활용한다면 분명 기대 이상의 멋진 경험을 얻을 수 있을 거예요.

❷ 미술 서적이나 온라인 자료를 찾아보세요.

미술관에 다녀온 뒤에는 아이와 함께 작품이나 작가에 대한 이야기를 나눠보세요. 예를 들어 '반 고흐' 전시를 관람했다면 관련된 그림책이나 어린이 도서를 함께 읽어보는 걸 추천해요. 도서관이나 온라인 서점에서 작가의 이름이나 전시 주제를 검색하면 아이 눈높이에 맞는 책들을 쉽게 찾아볼 수 있어요.

전시를 보기 전에는 간단한 이미지나 정보를 활용해 아이의 호기심을 이끌어주고, 다녀온 뒤에는 조금 더 깊이 있는 자료를 함께 찾아보세요. 그래야 장기 기억으로 이어져 더 오랫동안 기억에 남는답니다. 그림책이나 온라인 자료 등 아이의 나이와 수준에 맞는 자료들을 이용하면 예술적 경험이 더욱 풍부해진다는 사실 잊지 마세요.
전시를 보고 그림책과 자료를 찾아보면서 예술의 세계를 더 넓고 깊게 탐험해 보아요!

❸ 아이만의 미술 작업 공간을 만들어주세요.

아이들은 미술 작품을 보고 난 뒤 느낀 감정을 글이나 말로 표현하는 것보다 자신만의 미술로 직접 표현할 때 더 큰 즐거움을 느껴요. 특히 미술 학원에 다니는 아이라면 집에 작은 미술 공간을 마련해 주는 게 큰 도움이 된답니다. 아이만의 작업 공간이 생기면 언제든 편안하게 자신의 감정과 생각을 자유롭게 표현할 수 있죠.
또한 미술관에서 보고 느꼈던 작품들을 떠올리며 창작 활동을 하면 자연스럽게 예술적 자극을 받을 수 있어요. 전시회에서 받은 팸플릿이나 엽서를 미술 공간에 두는 것도 좋아요. 아이에게 꾸준히 예술적 영감을 주는 아늑한 창의력 공간을 함께 마련해 보는 건 어떨까요?

❹ 전시가 끝나고 아트숍에 들러 작은 소품이나 책을 구매해 보세요.

전시장에 다녀올 때는 아이와 함께 아트숍에도 들러보세요. 작품을 보는 동안에는 조금 지루해했던 아이도 아기자기한 소품을 만나면 눈이 반짝 빛나거든요. 작품과 관련된 예쁜 소품이나 책을 하나쯤 골라 집으로 가져오면 집에서도 자연스럽게 전시의 기억을 떠올릴 수 있어요. 이런 소품들은 작품을 더 친숙하게 느끼도록 도와줄 뿐만 아니라 아이에게 전시의 여운을 오래도록 선물한답니다.

❺ 아이의 질문과 상상을 충분히 들어주세요.

미술관에 가면 아이가 자유롭게 보고 느낀 것을 편안하게 표현할 수 있도록 도와주세요. 아이가 흥미롭게 바라보거나 궁금해하는 작품이 있다면 그냥 지나치지 말고 귀 기울여주세요. 아이에게 "너라면 이 작품을 어떻게 그렸을까?", "이 그림을 보니 어떤 생각이 들어?"와 같은 질문을 하면 좋답니다.

아이의 생각을 이끌어주는 질문을 통해 상상력은 더욱 풍성해지고 작품을 바라보는 시선은 한층 깊어질 수 있는 기회를 마련해 주세요. 미술관에서 아이와 주고받는 작은 대화들이 아이의 마음과 감성을 길러주는 멋진 선물이 되어준답니다.

아이에게 가르쳐줘야 할 미술관 에티켓 7가지

미술관에서는 왜 특별한 에티켓이 필요할까요?

미술관은 나 혼자만의 공간이 아니라 다른 사람들과 함께 예술을 즐기고 감상하는 곳이에요. 그래서 아이들이 미술관에서 지켜야 하는 에티켓 배우기는 아주 중요한 교육의 일부랍니다. 미술관에 가기 전 이런 예절들을 아이와 함께 미리 알아두면 더욱 좋아요.

미술관에 가기 전에 에티켓을 이야기하다 보면 아이들은 자연스럽게 '미술관은 어떤 곳일까?' 하는 호기심을 느끼게 됩니다. 어릴 때부터 미술관에서 지켜야 할 예절을 자연스럽게 익히면 다양한 예술 문화를 더 쉽고 즐겁게 경험할 수 있어요.

미술관은 조용하고 차분한 분위기 속에서 작품을 보며 마음의 여유를 찾는 특별한 공간입니다. 이곳에서는 나뿐만 아니라 다른 사람들도 편안하게 작품에 집중할 수 있도록 서로를 배려하는 마음이 꼭 필요해요. 아이에게 미술관 에티켓을 가르치는 것은 단순히 '규칙'을 알려주는 것이 아니라 서로가 함께 사용하는 공간과 다른 사람을 존중하는 마음을 길러주는 과정이에요.

아이에게 미술관에서의 예절을 알려줄 때는 '하면 안 되는 것'을 강조하는 대신 '왜 이 공간이 특별한지'를 함께 생각해 보세요. 미술관은 단지 그림이 걸려 있는 곳이 아니라 작품을 만든 예술가의 열정과 그 작품을 즐기는 사람들이 만나는 소중한 장소라는 것을 아이가 이해하면 행동 하나하나의 의미를 더욱 자연스럽게 받아들일 거예요.

미술관에 가기 전에 아이와 함께 이런 대화를 나눠보세요.
"왜 작품을 손으로 만지면 안 될까?"
"왜 미술관에서는 조용히 해야 할까?"
이런 질문들을 통해 아이는 미술관에서 지켜야 할 규칙의 의미를 더 깊이 이해할 수 있답니다. 또 이런 이야기를 나누면서 미술관에 대한 호기심과 기대감을 함께 길러갈 수 있을 거예요.

아이와 함께 미술관에서 작은 배려를 실천해 보세요. 작품을 감상할 때의 태도, 다른 관람객을 위한 배려, 공간을 존중하는 마음까지 이 모든 것들이 아이들에게 미술관을 더욱 특별하고 의미 있는 공간으로 만들어줄 것입니다.

다음으로는 미술관에서 꼭 지켜야 할 에티켓들을 소개할게요. 이 팁을 아이와 함께 읽고 실제 방문했을 때 하나씩 실천해 보세요. 여러분의 따뜻한 배려와 존중이 미술관을 더욱 멋진 공간으로 만들 거예요.

❶ 작품을 존중하는 법을 가르쳐주세요.

아이가 작품을 만지거나 낙서하지 않도록 적당한 거리를 두고 작품을 감상하는 법을 알려주세요. 겉으론 튼튼해 보여도 사실은 아주 약해서 만지면 쉽게 깨지거나 망가지는 작품도 있고, 사람 손에 있는 작은 먼지나 기름, 빛에 의해 쉽게 손상되는 작품도 있습니다. 그중에는 수백 년의 세월을 견디며 오늘에 이른 작품도 있답니다.
이런 이야기를 통해 아이는 자연스럽게 작품을 존중하는 마음을 갖게 될 거예요. 아이가 예술 작품을 소중히 생각하며 배려할 수 있도록 차근차근 알려주세요.

❷ 안전거리를 유지하도록 도와주세요.

미술관에서는 아이가 작품과 적당한 거리를 유지하는 게 정말 중요해요. 예상치 못한 사고나 작품의 손상을 막기 위해서죠. 아이가 작품뿐 아니라 벽이나 진열장에 기대지 않도록 잘 알려주세요.
작품과의 안전거리를 지키면 작품도 보호하고 아이의 안전도 함께 지킬 수 있답니다. 또 다른 관람객과도 서로 배려하며 편안하게 관람할 수 있도록 아이에게 이야기해 주세요.

❸ 보호자와 함께해 주세요.

아이의 손을 꼭 잡아 주세요. 보호자와 함께 전시를 관람하는 것은 미술관에서 정말 중요한 에티켓입니다. 특히 규모가 큰 미술관에서는 아이가 길을 잃거나 호기심을 주체하지 못하고 작품에 가까이 다가갔다가 사고가 날 수 있어요. 아이 곁에서 떨어지지 말고 항상 주의를 살펴주세요.

작품을 만지고 싶어 하거나 가까이 다가가려고 하는 아이에게는 다정한 목소리로 이렇게 말해주세요.
“이 작품은 눈으로만 보는 거야. 가까이서 보니까 정말 색이 예쁘지?”
또한 아이가 신이 나서 갑자기 뛰려고 할 때는 “천천히 가보자. 엄마(아빠)랑 이쪽 그림도 함께 보고 갈까?”라고 차분하게 이끌어주세요. 이런 방식으로 보호자가 올바른 행동을 먼저 보여주고 친절하게 안내해 주면 아이는 자연스럽게 미술관 관람 예절을 배우게 될 거예요.

미술관은 아이에게 신기하고 새로운 세상을 열어주는 공간이지만 낯설기도 한 장소인지라 미술관이 익숙하지 않은 아이의 경우 가끔 예상치 못한 행동을 할 수도 있답니다. 그래서 보호자가 아이 곁에서 눈높이에 맞춰 설명하고 따뜻하게 지도해 주는 것이 정말 중요해요.

전시를 다 보고 집에 돌아갈 때 아이가 활짝 웃으며 “엄마(아빠)랑 같이 보니까 정말 재미있었어!”라고 말하는 모습을 상상해 보세요. 미술관에서의 안전한 교육과 따뜻한 소통은 아이에게 오래도록 기억에 남는 특별한 추억이 될 거예요.

④ 조용히 이야기하도록 도와주세요.

미술관은 다른 사람들과 함께 예술을 즐기며 조용히 감상하는 공간입니다. 차분하고 편안한 분위기를 유지할 수 있도록 미술관에 가기 전 아이에게 미리 조용한 목소리로 말해야 한다는 것을 알려주세요.

만약 아이가 흥분해서 뛰거나 큰 소리를 낸다면 잠시 전시실 밖으로 나가서 휴식을 취하도록 해주세요. 아이가 차분해지면 다시 천천히 관람을 이어가면 됩니다. 서로 배려하는 태도를 통해 아이는 미술관을 모두가 함께 즐기는 공간으로 자연스럽게 받아들인답니다.

⑤ 규칙을 지키도록 해주세요.

미술관마다 정해진 규칙을 잘 지켜주세요. 전시마다 사진 촬영이 가능한 곳도 있고 허용되지 않는 곳도 있으니 미리 확인하면 좋아요. 작품을 보호하기 위해 플래시는 꼭 꺼주세요. 또 휴대전화는 진동이나 무음으로 설정해 놓아야 다른 관람객에게 방해가 되지 않겠죠?

미술관에 소지품을 맡길 수 있는 곳이 있다면 맡기고 편안하게 관람하는 것도 좋답니다. 작은 배려가 모두가 편안하게 작품을 감상할 수 있는 멋진 분위기를 만들어줄 거예요.

⑥ 다른 관람객을 생각하세요.

미술관에서는 순서를 지키며 천천히 관람해 주세요. 특히 체험형 전시의 경우에는 기다리는 시간이 길어질 수도 있는데, 이는 아이에게 차례를 기다리고 양보하는 법을 가르칠 수 있는 좋은 기회가 된답니다.

사람이 많으면 작품이 잘 보이지 않을 때도 있죠. 그럴 때도 아이와 함께 천천히 기다렸

다가 작품을 가까이서 관람하도록 해주세요. 아이에게 "모두가 소중한 시간을 내어 함께 작품을 즐기러 온 거야. 서로 배려하면 더 즐겁게 볼 수 있어."라고 말해주세요.
이렇게 작은 배려와 인내심을 배우면 아이는 미술관뿐 아니라 어디서든 배려 깊은 행동을 하는 사람으로 자라게 될 거예요.

⑦ 전시 공간에 음식을 가져가면 안 돼요.

대부분의 미술관은 예술 작품을 안전하게 보호하고, 모든 관람객이 쾌적하고 편안한 환경에서 전시를 즐길 수 있도록 음식물 반입을 제한하고 있어요. 특히 아이와 함께 전시를 보러 갈 때는 음식물 반입에 조금 더 신경을 쓰는 게 좋습니다.

예를 들어 아이가 과자나 음료수를 손에 들고 전시장을 돌아다니다 무심코 흘린 과자 부스러기나 손에 묻은 기름으로 작품을 훼손할 수도 있어요. 어린아이들은 호기심이 많아서 작품에 가까이 가고 싶어 하는 경우가 많은데, 이때 손에 묻어 있던 음식물이나 음료가 실수로 작품에 닿으면 소중한 예술 작품에 돌이킬 수 없는 손상을 입히게 됩니다. 특히 오래된 그림이나 조각 작품들은 빛이나 먼지뿐 아니라 소량의 기름기에도 매우 민감하기 때문에 각별한 주의가 필요하답니다.

따라서 아이와 미술관을 방문하기 전에 이런 에티켓에 대해 미리 이야기를 나누는 게 좋아요. "미술관 안에서는 음식을 먹으면 안 돼. 작품들이 상처받을 수 있거든. 간식은 전시장 밖에서 먹자."라고 친절하게 설명해 주세요. 충분히 이해할 수 있게 이유를 차근차근 알려주면 아이도 자연스럽게 규칙을 받아들이고 작품과 공간을 존중하는 마음을 가지게 될 거예요.

미술관에는 대부분 휴식을 취하거나 간식을 먹을 수 있는 카페나 지정된 공간이 있어요. 작품을 둘러보다가 배가 고프거나 목이 마를 땐 그런 공간을 이용해 아이와 함께 잠시 쉬는 것도 좋습니다. 간식을 먹으며 함께 관람했던 작품에 대해 편안히 이야기 나누면 더욱 즐거운 기억을 남길 수 있을 거예요.

이때 왜 음식을 전시장 밖에서 먹어야 하는지 아이가 이해할 수 있도록 설명해 주세요. "이곳은 많은 사람들이 조용히 작품을 감상하는 곳이야. 우리 모두 함께 예술을 즐기기 위해선 작은 규칙을 지켜야 해. 음식을 전시실 밖에서 먹는 것도 그런 규칙 중 하나란다." 라고 이야기해 준다면 아이는 자연스럽게 배려의 중요성도 배우게 될 거예요.

이렇게 작은 습관들이 쌓이면 아이는 미술관뿐 아니라 어디서나 다른 사람과 공간을 존중하는 법을 자연스럽게 익히게 된답니다. 함께 미술관에서 작품도 보호하고 서로를 배려하는 소중한 경험을 쌓아보세요.

미술관 방문 전,
아이와 이렇게 준비하세요

즐거운 미술관 나들이를 위한 5가지 준비

미술관은 아이에게 새로운 세상을 보여주는 창문과도 같아요. 작품을 관람하는 장소를 넘어 상상력과 감성을 자극하고 아이의 시선으로 세상을 탐험하는 경험을 선물하는 공간이죠. 작품과 공간을 더 깊이 있게 즐기고, 아이와 함께 의미 있는 시간을 보내려면 방문 전부터 작은 준비를 함께하는 것이 중요하답니다.

미술관에 방문하기 전 준비하는 시간은 정보를 알아보는 것 이상의 의미가 있어요. 아이와 함께 이야기를 나누고 즐거운 놀이를 하면서 기대감을 높이는 소중한 과정이랍니다. 전시와 관련된 작은 게임을 만들거나 필요한 물건을 함께 준비하면서 아이는 자연스럽게 호기심을 키우고 자신의 감각을 활짝 열 수 있어요.

또한 이렇게 준비하는 시간 동안 아이는 자연스럽게 자기 생각을 표현하고, 엄마 아빠와 함께 나누는 설렘을 경험하게 될 거예요. 어떤 작품을 만나게 될지 함께 상상하며 대화를 나누다 보면 미술관에 가는 길마저 즐거운 모험으로 느껴질 수 있답니다.

미술관 방문을 미리 준비하고 관련된 대화를 하는 과정에서 아이는 스스로 생각을 표현하는 기쁨을 알게 되고, 작은 의견도 존중받는다는 사실을 자연스럽게 깨닫게 될 거예요. 이는 아이의 자신감과 자기표현력을 길러줄 매우 좋은 기회입니다.

함께 자료를 찾으며 기대에 찬 설렘을 나눠보세요. 미술관에 도착하기 전부터 시작된 이 특별한 시간이 아이와 함께 보내는 하루를 더욱 의미 있고 풍성하게 만들어줄 거예요.

① 미리 계획하기

미술관에 가기 전에 어떤 전시를 보러 가는지 아이와 함께 미리 살펴보세요. 방문 전에 아이와 홈페이지를 방문하여 어떤 작품들이 기다리고 있는지 함께 둘러보는 것도 좋고, "우리가 만날 작품은 어떤 모습일까?", "어떤 이야기를 담고 있을까?"와 같은 질문을 나누며 아이의 호기심과 기대감을 길러주는 것도 추천해요.

“너는 어떤 작품이 가장 보고 싶어?”, “이 그림은 무슨 느낌일까?”와 같은 질문을 던지면 아이는 더 적극적으로 미술관 방문을 기다리게 될 거예요. 전시를 본 뒤에 어디로 갈지, 무엇을 할지 작은 계획도 함께 세워보세요. 근처 공원을 산책하거나 좋아하는 간식을 먹는 등 아이와 함께 설레는 일정을 짜는 것도 좋은 방법이랍니다.

이렇게 아이와 함께 전시를 준비하고 관람 이후 활동을 계획하는 과정 자체가 아이의 호기심과 기대감을 높여주는 즐거운 놀이가 됩니다. 미술관에 가기 전부터 마치 여행을 떠나듯 설레는 마음으로 하루를 그려본다면 미술관에서의 기억이 더욱 생생하고 특별하게 남을 거예요.

❷ 간단한 미술 도구 챙기기

미술관에서의 감동을 더 오래 간직하고, 직접 표현하며 창의력을 발휘할 수 있도록 간단한 미술 도구를 챙겨 보세요. 색연필, 작은 스케치북 그리고 아이가 좋아하는 도구들을 작은 가방에 준비하면 됩니다. 특히 야외 공간이 있는 미술관이라면 내부 관람 후 야외 공간에 나가서 아이가 본 작품을 자유롭게 그리게 해보세요. 실외에서 미술 활동을 하는 특별한 경험이 될 거예요. 미술관에서 본 작품의 색깔이나 형태를 마음대로 바꾸어 보거나 새로운 상상을 더해 그림을 완성해 보는 것도 좋아요.

엄마도 함께 종이에 그림을 그려보세요. 아이와 그림을 주제로 이야기를 나누며 즐거운 시간을 보낼 수 있답니다. 어린이용 카메라를 사용해 작품과 전시장의 인상 깊은 장면을 찍는 것도 아이만의 특별한 기록을 남기는 좋은 방법입니다.

❸ 미술관 방문 에티켓 익히기

반복하건대, 미술관은 다른 사람들과 함께 예술 작품을 즐기고 마음의 여유를 느끼는 공간이에요. 미술관에 가기 전 다시 한번 에티켓을 숙지하세요.

"작품은 눈으로만 감상해요."
"작품 앞에서는 작은 목소리로 이야기해요."
"다른 사람들도 편하게 작품을 볼 수 있도록 서로 배려해요."

이런 기본적인 규칙을 미리 함께 나눠보세요. 또한 아이에게 "작품을 손으로 만지지 않는 이유는 작품이 아주 약하고 소중하기 때문이야."라고 이해하기 쉽게 설명해 주면 더욱 좋아요.

이렇게 미술관에서 지켜야 할 예절을 아이와 함께 자연스럽게 익히다 보면 아이는 타인을 배려하고 존중하는 태도를 자연스럽게 배우게 됩니다. 서로를 배려하며 함께 예술을 즐기는 방법을 익히고, 아이가 주변 사람을 존중하는 마음까지 키울 수 있는 좋은 기회가 될 거예요.

❹ 미술관 속 이야기 상상하기

아이와 미술관에 가기 전 작품 속에 숨어 있는 이야기를 상상하는 재미있는 놀이를 해보면 어떨까요? 예를 들어 그림을 보여주며 "이 그림 속 사람은 지금 어떤 기분일까?", "화가는 왜 이런 색깔을 골랐을까?"와 같은 질문을 던져보세요. 아이는 상상력을 발휘하며 흥미로운 이야기를 만들어낼 거예요.

출발 전에 "우리 오늘 어떤 신나는 모험을 하러 가볼까?" 하며 작은 이야기를 함께 만들어보는 것도 좋아요. 아이와 엄마가 이야기 속 주인공이 되어 미술관을 탐험하는 상상의 여행을 떠나보는 거지요.

이렇게 상상 놀이를 통해 아이는 미술관이 작품을 보는 공간인 동시에 신나고 재미있는 모험을 하는 장소라는 사실도 느끼게 될 거랍니다. 미술관으로 떠나는 여정이 아이에게 더 특별한 기억으로 남겠죠?

⑤ 미술관에서의 특별한 순간 기록하기

미술관에서의 감동을 오래 간직할 수 있도록 집에 돌아온 뒤에는 특별한 시간을 가져보세요. 전시에서 인상 깊었던 작품을 떠올리며 편안하게 대화를 해보는 거예요.

"이 작품을 봤을 때 너는 어떤 생각이 들었어?"
"이 그림을 우리가 집에서 다시 그린다면 어떻게 바꿀 수 있을까?"

이런 질문을 통해 아이의 생각과 상상력을 끌어내 보세요. 작품에 대한 느낌을 말이나 그림으로 표현하도록 도와주면 아이는 자신이 경험한 감정을 더욱 생생하게 기억하게 된답니다.

또한 미술관에서 받은 리플릿이나 찍어온 사진들을 활용해서 작은 기록을 남겨보세요. 아이가 직접 그린 그림과 사진을 일기장이나 미술관 일지에 붙이며 기억을 정리하는 것도 좋아요.

이러한 과정은 미술관을 방문한 기억을 정리하는 것 이상으로 아이의 감정과 생각을 깊이 들여다보는 소중한 기회가 됩니다. 아이에게 "만약 이 작품을 우리가 다시 그린다면 어떤 색이나 모양을 바꾸고 싶어?"라고 물어보며 창의력을 길러줄 수도 있어요.

미술관에서의 하루가 아이 마음속에 더 풍성하고 특별한 기억으로 남을 수 있도록 기록하고 이야기 나누는 시간을 꼭 가져보세요. 이렇게 쌓인 추억은 아이가 성장한 후에도 오래도록 간직할 수 있는 소중한 보물이 되어준답니다.

미술관에서 더 깊이 있게 작품을 감상하는 법

작품 감상, 이렇게 하면 더 깊이가 깊어져요.

미술관은 작가의 이야기와 마음을 만나고, 내 안의 감성과 상상력을 새롭게 발견하는 특별한 곳이에요. 하지만 막상 미술관에 가면 작품 앞에서 무엇을 어떻게 봐야 할지 몰라 부담스럽게 느껴지거나 서둘러 지나가게 될 때도 있죠. 특히 아이와 함께 방문한다면 어떤 이야기를 들려줘야 할지 걱정부터 앞설지도 몰라요. 모든 작품을 완벽히 이해해야 한다는 부담감 때문에 오히려 미술과 멀어질 수도 있답니다.

하지만 미술 작품을 감상하는 데 꼭 정답이 필요한 건 아니에요. 그저 작품을 보며 느껴지는 대로, 아이와 함께 자유롭게 이야기를 나누는 것만으로 충분합니다. 오히려 아이와 함께 미술관에 가면 작품을 보는 즐거움이 배가될 수도 있어요. 아이들은 어른과 달리 세상을 바라보는 시선이 아주 순수하기 때문에 작품을 보고 마음껏 상상력을 펼치는 데 어려움이 없거든요. 어쩌면 작품 속에 숨겨진 이야기를 발견하는 건 오히려 아이들일지도 모릅니다.

아이와 함께 미술관에서 작품을 바라보며 이런 질문을 던져보세요.
"이 그림 속 주인공은 지금 무슨 생각을 할까?"
"이 작품은 어떤 이야기를 담고 있을까?"

이렇게 아이의 생각을 자연스럽게 이끌어내다 보면 어른들이 생각지 못한 신선한 관점과 순수한 감수성에 놀라게 될 거예요. 아이와 함께 작품을 탐험하는 순간이 어른들에게도 더 재미있고 풍성한 시간이 될 수 있답니다.

지금부터 소개하는 미대엄마의 작은 팁들을 통해 아이와의 미술관 나들이를 더욱 의미 있고 따뜻한 추억으로 만들어보세요. 작품을 보는 것이 훨씬 쉽고 즐거워질 거예요.

❶ 전시 안내물이나 리플릿으로 사전 정보 얻기

대부분의 미술관에는 전시에 대한 정보를 담고 있는 리플릿이나 안내 책자가 준비되어 있어요. 전시의 주제와 작가의 의도, 그리고 주요 작품에 대한 간단한 설명이 담겨 있어서 작품을 감상할 때 더 많은 이야기를 발견할 수 있답니다.

만약 미술관 방문이 익숙한 편이라면 전시를 먼저 감상한 후 리플릿을 보는 것이 좋아요. 작품을 먼저 편안하게 둘러본 뒤에 안내 책자를 살펴보면 아이와 함께 발견한 느낌을 좀 더 깊이 있게 나눌 수 있답니다.

하지만 미술관이나 전시 자체가 아직 낯설다면 아이와 리플릿을 미리 함께 읽어보며 흥미를 유발하는 것이 좋아요. 책자를 펼친 뒤 아이에게 "오늘은 이런 작품을 보러 갈 거야."라고 자연스럽게 이야기해 주세요. 그런 다음 "이 작품은 무슨 느낌일까?", "이 그림에선 무슨 이야기를 만날 수 있을까?"와 같은 질문으로 아이의 호기심을 키워주세요.

전시를 자주 다녀봤다면 작품과 먼저 만나고 리플릿을 보는 게 더 즐겁고 창의적인 경험이 되겠지만 미술관과 전시가 처음이라면 약간의 도움을 받아도 괜찮습니다. 전시에 대한 사전 지식은 아이가 미술관을 친근하게 느끼고 더 적극적으로 관람할 수 있게 도와주는 좋은 도구가 되어줄 거예요.

❷ 전체적으로 돌아본 후 관심 작품 집중 감상하기

전시된 모든 작품을 빠짐없이 보겠다는 생각보다는 천천히 걸으며 전체적인 분위기를 느끼고 아이가 관심을 가지는 작품에 집중하는 것이 더 효과적이에요.

아이와 함께 전시장을 둘러볼 때는 이렇게 말해보세요. "우선 천천히 걸으면서 네가 좋아하는 작품을 찾아볼래?" 그러다 아이가 마음에 들어 하는 작품을 발견하면 그 작품 앞에서 조금 더 오래 머무르며 아이의 이야기를 들어주세요. "이 그림은 어떤 점이 가장 마음에 들었어?", "이 작품을 보면 어떤 생각이 떠올라?"

이런 가벼운 질문을 통해 아이는 작품에 대한 생각과 감정을 자연스럽게 표현할 수 있답니다. 아이들이 꺼내놓는 작품 이야기는 때로 전혀 생각지 못한 것이어서 어른들에게 신선한 감동을 주곤 해요.

모든 작품을 다 보아야 한다는 부담도 내려놓으세요. 아이의 관심에 따라 몇 작품에 집중하며 편안하고 즐거운 감상 시간을 가져보세요. 이렇게 하면 아이도 부모도 함께 더 즐겁고 풍성한 미술관 경험을 할 수 있을 거예요.

❸ 편안한 마음으로 작품과 대화하기

작품 감상에서 가장 중요한 점은 억지로 작품을 이해하려 하지 않는 것입니다. 미술 작품 감상은 정답을 찾기 위한 것이 아닙니다. 오히려 마음을 열고 편안하게 바라볼 때 더 많은 이야기를 할 수 있어요.

아이와 함께 작품 앞에 서서 "우리가 이 그림 속에 들어가면 무슨 일이 일어날까?", "이 그림이 음악으로 들린다면 어떤 소리가 날까?" 같은 재미있는 상상을 해보세요. 이런 대화를 통해 아이는 작품과 친밀감을 느끼고 자신만의 방식으로 작품을 받아들이는 능력을 기를 수 있어요.

작품의 제목과 작가 정보를 읽으며 대화를 이어가는 것도 좋아요. "이 작품의 제목이 '꿈'이래. 너는 꿈에서 어떤 걸 봤어?"처럼 질문을 던지며 아이의 상상을 이끌어보세요. 작품을 이해하려 애쓰는 것이 아니라 그저 느끼고 대화하며 시간을 보내는 것이 작품 감상의 핵심입니다.

❹ 감상을 정리하며 돌아보기

전시를 모두 관람한 뒤 그날의 감상을 정리하면 작품에 대한 생각과 이해를 더욱 깊게 만드는 데 큰 도움이 됩니다. 아이와 함께 "오늘 본 작품 중에서 뭐가 가장 기억에 남아?"라고 물어보며 이야기를 나눠보세요. 아이가 관람 중에 느낀 감정을 말로 표현하는 경험은 사고력을 키우는 데도 유익합니다. 뒤에서 소개할 미술관 노트 쓰기도 추천해요.

아이 친구들과 함께 방문했다면 감상을 서로 공유하며 대화를 나눠보세요. "나는 이 그림에서 따뜻한 느낌이 들었는데, 너는 어땠어?"처럼 서로 다른 관점을 주고받으며 작품에 대해 더 풍성하게 이야기할 수 있어요.

미술관에서의 기억을 집에서도 이어가고 싶다면 아이가 좋아했던 작품을 집에서 다시 그려보게 하거나 그 작품에 대한 이야기를 나누는 활동을 해보세요. 예를 들면 "우리가 본 그림 속 풍경을 우리 식탁 위에 있는 것들로 꾸며볼까?"와 같은 질문으로 일상 속에서 미술을 즐길 수 있도록 도와주면 됩니다.

아이와 함께 미술관 노트 쓰는 법

미술관에서 느낀 감동을 오래 간직하는 최고의 방법

미술관 노트 작성은 아이와 함께하는 미술관 여행을 더욱 풍성하게 만들어줍니다. 단순히 감상평을 적는 과정이 아니라 아이의 상상력과 표현력을 길러주고 부모와 깊이 있는 대화를 나누도록 도와주는 의미 있는 작업이지요. 특히 아이와 함께 미술관에서 보고 느낀 점을 기록하는 과정에서 자연스럽게 상상력과 표현력이 커집니다.

미술관에 다녀온 뒤에 노트를 펼치면 그날의 특별했던 순간을 다시 떠올리고, 아름다운 추억으로 오래 기억할 수 있어요. 미술관 노트는 아이와 부모가 함께 성장하고 소통하는 따뜻한 매개체가 되어줄 것입니다.

OO이의 미술관 노트

*직접 작성해 보세요.

✦ 오늘의 전시 정보

- 전시 제목:
- 미술관 이름:
- 방문 날짜:
- 함께 간 사람:

✦ 방문 전 기대 미술관에 가기 전 어떤 생각이었는지 그림이나 글로 표현해 보세요.

✦ 첫인상 처음 미술관에 가서 본 첫 작품, 또는 주변 환경에 대한 첫인상을 그림이나 글로 표현해 보세요.

✦ 전시를 보고 느낀 점

- 가장 마음에 들었던 작품은 무엇인가요?
  작품 제목이나 특징을 적어보세요.

- 그 작품이 왜 좋았나요?
  색깔, 모양, 주제 등 이유를 자유롭게 적어보세요.

✦ 전시에서 새롭게 알게 된 점 전시를 통해 새롭게 배운 내용이나 흥미로웠던 점을 적어보세요.

✦ 나만의 상상과 이야기 전시를 보고 떠오른 상상이나 이야기를 적어보세요.

✦ **나만의 상상과 이야기** 전시를 보고 떠오른 상상이나 이야기를 적어보세요.

"오늘 본 작품들은 ______________________ 같은 느낌이었어요."

"전시장을 걸어다니는 동안 ______________________ 생각이 들었어요."

"작품들이 나에게 ______________________ 하고 이야기해 주는 것 같았어요."

"전시의 색깔은 ______________________ 같았어요."

"전시를 보고 마음이 ______________________ 했어요."

✦ **전시에서 기억에 남는 장면을 그려보세요.** 색연필로 자유롭게 꾸며도 좋아요.

아이와 미술관 나들이, 가장 궁금해하는 질문 10

작품 감상, 이렇게 하면 더 깊이가 깊어져요.

아이와 미술관 나들이를 계획하다 보면 이런저런 궁금증이 떠오르기 마련이에요. 특히 처음 미술관을 찾거나 아이와 함께 가는 게 익숙하지 않은 부모님이라면 더욱 그렇겠죠?

많은 부모가 아이와 미술관에 가기 전에 고민하는 질문들에는 공통된 두 가지 마음이 담겨 있어요. 아이가 예술을 재미있고 즐겁게 경험하길 바라는 마음과 미술관 방문이 아이는 물론 부모에게도 스트레스가 되지 않길 바라는 마음이죠. 미술관에 가기 전부터 전시를 보고 나오는 순간까지 부모들이 궁금해할 만한 질문과 고민을 모아보았어요. 미술관 나들이를 더 유익하고 즐겁게 만드는 다양한 팁도 함께 담았답니다.

Q 아이와 미술관, 몇 살부터 갈 수 있을까요?

A 저는 아이가 걷기도 전부터 미술관 나들이를 했어요. 물론 전시장 안에서 아이가 갑자기 우는 바람에 급하게 밖으로 달려나와야 했던 일도 종종 있었지만요. 그럼에도 아주 어릴 때부터 미술관 주변에 놓인 예쁜 조형물을 구경하거나 미술관 내에 마련된 아이들을 위한 놀이 공간을 즐겁게 활용했답니다. 덕분에 지금 우리 아이는 누구보다도 미술관 방문을 좋아하고 즐기는 아이로 자랐어요.

일반적으로 아이가 4~5세쯤 되면 함께 전시를 보고 작품에 대한 간단한 대화를 나누기 좋다고 합니다. 이때가 호기심이 많아지고 자신이 본 것을 자연스럽게 이야기할 수 있기 때문이에요.

하지만 꼭 작품 감상만을 목적으로 미술관을 찾을 필요는 없어요. 아이가 참여할 수 있는 체험 행사나 미술관에 있는 야외 공간, 놀이 시설을 이용하기 위해 방문했다가 무료로 진행되는 전시가 있다면 편하게 함께 둘러보는 것도 좋답니다.

가장 중요한 건, 아이가 미술관에서 긍정적이고 즐거운 경험을 쌓는 것이에요. 그러면 아이가 예술에 자연스럽게 관심을 갖고 편안하게 미술관을 방문할 수 있게 될 거예요.

Q 아이와 함께 추상 미술을 감상하고 싶은데 어떻게 하면 좋을까요?

A 추상 미술 작품은 어른들도 감상하기 어려울 때가 있어요. 아이와 함께할 때는 작품의 색, 패턴, 느낌을 이야기하는 것부터 시작하세요. 아이가 작품의 어떤 것을 보고 어떤 느낌을 받았는지 간단한 단어나 문장으로 설명할 수 있도록 유도해 주세요. 제목을 지어

보아도 좋고, 그림을 보고 떠오르는 것을 자유롭게 이야기하도록 해도 좋습니다. 이런 접근 방식은 창의력과 언어 능력까지 발전시켜 줄 수 있어요.

추상 미술은 어른에게는 난해해 보여도 아이에게는 자유롭게 상상력을 펼칠 수 있는 재미있는 그림으로 보일 수 있답니다. 아이들의 창의력과 상상력을 활짝 열어주는 좋은 기회가 될 수도 있죠.

중요한 건 작품에 대해 나누는 엄마와 아이의 대화예요. 아이가 자유롭게 작품과 소통할 수 있도록 엄마가 옆에서 따뜻하게 질문을 던지고, 아이의 생각을 존중하며 함께 이야기를 만들어 간다면 아이는 예술을 더 풍성하고 행복하게 즐길 수 있을 거예요.

Ⓠ 아이와 함께 미술관에 갔을 때, 어떤 질문이 좋을까요?

Ⓐ 미술관은 아이들의 호기심을 자극하고 상상력을 펼쳐주기에 아주 좋은 장소랍니다. 그러니 아이와 함께 미술관을 둘러볼 때는 질문과 답을 나누면서 아이의 생각을 자연스럽게 이끌어주세요. 이렇게 하면 비판적인 사고와 표현력은 물론 예술에 대한 흥미도 높아질 수 있어요.

- 아이와 작품을 볼 때는 답이 정해진 질문보다는 생각과 상상을 자유롭게 표현할 수 있는 질문을 던지는 것이 좋아요. 정답이 없는 열린 질문을 통해 아이의 생각을 존중하고 공감해 주세요.
- 작품에 대한 정보보다는 아이가 느끼고 생각한 점을 먼저 물어보세요.
- 질문과 대답을 강요하지 말고 아이가 흥미를 보이는 부분을 따라 편하게 이야기를

나누어 보세요. 작품에 관한 이야기뿐만 아니라 미술관의 멋진 건물이나 전시장 구석에 있는 재미있는 의자 같은 것들에 대해서도 얼마든지 이야기를 나눌 수 있어요. 편안한 대화가 쌓이다 보면 아이는 미술관을 더 친근하게 느끼게 되고 다음 방문이 더욱 즐거워질 거예요.

아이와 작품을 볼 때 하면 좋은 질문

"이 작품에서 가장 먼저 눈에 들어오는 건 뭐야?"

"이 작품을 보고 있으면 어떤 기분이 들어?"

"그림 속에서 무슨 이야기가 펼쳐지고 있을까?"

"어떤 색깔이 가장 많이 보이니? 그 색을 보면 어떤 게 생각나?"

"화가는 이 작품을 어떻게 만들었을까? 우리 같이 상상해 볼까?"

이 질문들은 아이가 작품을 보면서 스스로 생각하고 자신만의 느낌과 생각을 자유롭게 표현하도록 돕는 데 목적이 있어요. 아이가 하는 말에 진심으로 귀 기울이고 아이의 생각을 있는 그대로 존중해 주세요. 부모의 관점에서 판단하거나 결론짓기보다는 아이의 생각을 바탕으로 이야기를 자연스럽게 확장하며 함께 대화하고 탐구하는 시간을 가져 보세요. 이렇게 편안하게 나누는 대화는 아이가 생각하는 힘과 표현력을 키우는 데 큰 도움이 된답니다.

Q 미술관에서 아이가 지루해하면 어떻게 하죠?

A 아이와 처음 미술관을 찾았는데 아이가 금방 흥미를 잃거나 집중하지 못하고 지루해하는 모습을 보일 수 있어요. 그럴 때 잠시 전시장을 벗어나 휴식을 취하며 아이의 마

음과 컨디션을 챙겨주세요. 대부분의 미술관에는 아이들이 편안하게 쉬거나 놀 수 있는 공간이 마련되어 있답니다.

아이들은 어른만큼 오랜 시간 집중하기 어렵다는 사실을 기억하고, 아이의 페이스에 맞춰 관람하는 것이 좋아요. 처음 미술관을 방문하는 아이에게는 어린이를 위해 특별히 기획된 전시를 추천합니다. 아이의 눈높이에 맞는 작품을 만나면 조금이나마 쉽고 즐겁게 미술관과 친해질 수 있을 거예요.

Q 규모가 큰 미술관을 방문할 때의 팁이 궁금해요.

A 규모가 큰 미술관이나 아트페어에서 모든 작품을 다 보려다가는 금방 지치고 힘들 수 있어요. 이럴 때는 미리 우선순위를 정해두는 것이 중요해요. 방문하기 전에 미술관 홈페이지나 안내 자료를 참고해 꼭 보고 싶은 작품 몇 가지를 미리 고른 뒤 그 작품들을 중심으로 관람 계획을 세워보세요.

너무 무리해서 많은 작품을 보려고 하면 아이는 물론 어른도 쉽게 지칩니다. 아이가 미술관을 힘들고 지친 곳으로 기억하지 않도록 중간중간 휴식을 취하며 관람하면 좋습니다. 약간의 계획으로 아이와 부모 모두 더 편안하고 즐거운 미술관 경험을 하세요.

Q 아이가 미술관에서 작품을 만지려고 할 때는 어떻게 해야 할까요?

A 아이들은 눈으로 보는 것만큼이나 손으로 만져보면서 세상을 탐구하고 싶어 해요. 그래서 미술관에 가면 작품에 자꾸 손을 뻗으려고 하지요. 이럴 땐 아이가 이해하기 쉽

고 다정한 말로 알려주는 게 가장 좋습니다. "이 작품은 많은 사람들이 감상할 수 있도록 깨끗하게 전시되어야 해. 눈으로만 보아도 충분히 멋지지 않니?"라고 물으면서 작품 보호의 중요성을 알려주세요.

요즘엔 직접 만지고 참여할 수 있는 체험형 전시도 많으니 방문 전에 미리 체험이 가능한 전시를 찾아보는 것도 좋아요. 그런 전시를 통해 아이는 마음껏 호기심을 채우며 미술관을 더 재미있고 자연스럽게 받아들이게 될 거예요.

Q 아이가 작품에 관심이 없거나 지루해해요.

A 아이들은 모두 저마다의 관심사와 취향이 달라요. 미술관에 갔는데 아이가 작품에 관심을 보이지 않거나 산만한 모습을 보일 때도 있을 거예요. 특히 미디어 전시처럼 어둡고 자극이 강한 공간은 아이마다 선호도가 크게 나뉘기 때문에 너무 어린 아이들은 전시를 무서워하거나 부담스러워할 수도 있답니다. 그래서 미디어 전시는 대체로 6~7세 이상의 아이들에게 권장하는 편이에요.

아이가 작품에 흥미를 느끼지 못하는 것 같다면 억지로 작품을 보게 하기보다는 아이가 공감할 만한 이야기로 흥미를 이끌어주세요. 예를 들어 "이 그림 속 친구가 우리 동네에 놀러 온다면 어떤 이야기를 나눌까?", "이 색깔을 보면 너는 어떤 기분이 들어?"와 같은 질문으로 아이의 상상력과 호기심을 자연스럽게 자극해 주는 방법이 좋아요.

미술관이 처음이라면 작품뿐만 아니라 미술관 자체의 건축물이나 야외 조각품 등 아이가 쉽게 흥미를 느낄 만한 것들부터 이야기를 시작해 보는 것도 좋습니다. 아이와 함께 산책하듯 미술관을 천천히 둘러보면서 즐거운 대화를 나누다 보면 아이가 점점 미술관과 친숙해지고 작품과도 편안하게 가까워질 수 있을 거예요.

Q 아이가 너무 빨리 전시장을 지나가는데 어떻게 해야 할까요?

A 아이들은 어른들보다 짧은 시간에 많은 것을 탐험하려는 경향이 있어요. 아이가 빠르게 지나가며 눈길을 멈췄던 작품 앞에서 잠시 멈추고 "이 그림에서 네가 가장 먼저 본 게 뭐였니?"라고 물어보세요. 아이가 작품에 대해 한 번이라도 더 생각해 보고 대화할 수 있도록 도와주시면 됩니다. 지금 당장은 아이가 아무것도 느끼지 못하고 보지 못한 것 같아도 나중에 이야기를 꺼내면 미술관에서의 경험을 떠올릴지도 몰라요. 팁을 하나 더 드리자면, 전시장에 들어가기 전에 "우리 오늘 세 작품만 골라서 깊게 살펴보자." 같은 작은 목표를 정해 보세요. 아이가 전시를 더 체계적으로 보도록 도울 수 있답니다.

Q 아이가 특정 작품을 보고 무서워하거나 불편해할 때는 어떻게 할까요?

A 아이들마다 작품에 대한 반응은 정말 다양해요. 때로는 그림의 색깔이나 분위기, 주제 때문에 아이가 불편함이나 두려움을 느낄 수도 있답니다. 이럴 때는 아이의 감정을 먼저 존중하고 공감해 주세요.

"이 작품을 보니까 조금 무서웠구나. 어떤 부분이 그렇게 느껴졌어?"
"이 그림에서 어떤 게 너를 불편하게 만들었어?"

이렇게 아이의 감정을 이해하고 공감해 주는 것이 가장 중요합니다. 아이의 느낌을 충분히 받아들인 다음에는 조금 더 편안하고 밝은 작품으로 이동하거나 아이가 좋아하는 다른 전시장으로 자리를 옮겨서 기분을 전환시켜 주세요.

작품마다 반응이 다를 수 있다는 이야기를 하면서 자연스럽게 아이의 마음을 돌봐주면 미술관 방문이 긍정적인 기억으로 남을 거예요.

Q 아이가 작품을 따라 그리고 싶어 하는데 어떻게 도와줄 수 있을까요?

A 아이가 작품을 보고 따라 그리고 싶다고 말하는 건 그 작품에 흥미와 애정을 느꼈다는 정말 좋은 신호예요. 미술관에 방문할 때 아이가 편하게 그릴 수 있도록 작은 스케치북과 색연필이나 미술도구를 준비해 가면 좋습니다.

해외의 대형 미술관에서는 아이들이 작품을 따라 그리는 모습을 자주 볼 수 있어요. 국내 미술관의 경우는 스케치가 가능한지 미리 확인하는 게 좋습니다. 만약 현장에서 직접 그리기가 어렵다면 전시를 본 후 집에서 아이와 함께 작품을 기억하며 자신만의 방식으로 다시 그리도록 도와주세요.

작품을 직접 그려보는 활동은 아이의 창의력과 표현력을 키우는 데 큰 도움이 됩니다. 아이가 자유롭게 상상력을 펼칠 수 있도록 격려하고, 그 과정에서 칭찬과 관심을 듬뿍 주면 아이에게 미술관에서의 경험이 더 특별한 추억으로 남을 거예요.

Q 아이가 미술관에 가기 싫어할 때는 어떻게 할까요?

A 아이가 미술관 가기를 꺼려한다면 억지로 데려가려고 하지 마세요. 그보다 미술관을 재미있는 모험이나 놀이 공간처럼 소개해 보세요.

"우리 오늘은 예쁜 색깔을 찾으러 그림 탐험을 떠나볼까?"
"네가 가장 좋아하는 색깔이 들어간 그림을 찾아보고 사진을 찍어볼까?"

이처럼 아이가 관심을 가질 만한 작은 목표를 정하면 아이는 미술관 방문을 하나의 신나는 놀이처럼 받아들일 수 있어요.

아이가 흥미를 느낄 만한 주제나 색깔이 담긴 작품을 미리 알려주면서 호기심을 자극하는 것도 좋은 방법이에요. 이렇게 아이가 자연스럽게 관심을 가질 수 있도록 유도하면 미술관 방문이 훨씬 즐겁고 설레는 경험으로 남게 된답니다.

PART 2

미술관 & 박물관 탐방하기

미대엄마가 아이와 함께 다녀오기 좋은 미술관 & 박물관 12곳을 엄선했어요.
각 장소에서 아이와 특별한 경험을 나눌 수 있는 다양한 방법을 소개합니다.

야외 조각 작품 속에서 탐험 놀이

서울시립 북서울미술관

서울시립 북서울미술관에서 본 전시는 아이들을 위해 기획된 전시는 아니었어요. 하지만 영국 테이트미술관 특별전을 꼭 보고 싶어서 아이를 데려갔답니다. 기존에 다녔던 어린이 미술 전시나 체험 위주의 특별 전시가 아니라서 아이가 조금 지루해하지 않을까 걱정하며 미술관에 들어섰어요. 평소 아이는 직접 만지고 체험하며 놀 수 있는 공간을 더 좋아하는 편이라 전시 관람이 잘 맞지 않을까봐 내심 아이의 반응이 궁금하기도 했거든요.

저와 같은 걱정을 하시는 분들을 위한 팁을 하나 드릴게요. 바로 미술관 야외 공간에서 충분히 뛰어놀며 에너지를 발산한 뒤 전시를 보러 들어가는 거예요. 북서울미술관처럼 야외에 넓은 조각 공원이나 탐험할 공간이 있는 곳이라면 이 방법이 아이와의 미술관 방문을 훨씬 더 즐겁게 만들어준답니다.

01 서울시립 북서울미술관 건물
02 야외 공간
03 서울시립 북서울미술관 내부

04 서울시립 북서울미술관 내부

미술관의 야외 공간은 휴식을 취하는 곳이 아니라 아이들의 호기심을 자극하고 창의력을 기를 수 있는 공간입니다. 전시 관람 전, 저는 아이와 함께 야외 조각 작품 사이를 누비며 자연과 예술을 온몸으로 느꼈어요. 아이는 조각 작품을 보며 “엄마, 이건 뭐야? 왜 이렇게 꼬불꼬불해?”, “여기는 내가 숨을 수 있는 구멍 같아!”라며 상상력을 펼치더군요.

그렇게 조각 작품들을 따라 이리저리 뛰어다니고, 나무 아래에서 숨바꼭질하며 마음껏 에너지를 발산하니 아이의 표정도 한층 밝아졌어요. 미술관에 들어가기 전의 이런 활동이 아이의 호기심을 충족시켜 줬고, 동시에 차분히 실내 전시를 관람할 준비를 하게 만들어주었어요.

아이의 에너지를 채운 뒤 전시 공간으로 들어가니 생각보다 아이가 훨씬 차분한 태도로 작품을 감상하기 시작했어요. 야외에서 경험한 자유로운 활동 덕분인지 아이는 전시 작품들을 관찰하며 다양한 질문을 던졌어요. "야외 작품은 만질 수 있는데, 왜 여기선 못 만져?" 이런 질문들은 전시 작품을 아이만의 시선으로 바라보게 하는 데 도움이 되었답니다

작품 하나하나를 새로운 방식으로 연결하며 나름의 해석을 내놓는 아이를 보니 전시를 보는 게 '미술 감상'에서 끝나는 게 아니라 놀이와 배움으로 이어지는 과정이라는 생각이 다시 한번 들었습니다.

이 경험을 통해 미술관을 방문할 때는 전시 관람과 야외 활동을 균형 있게 계획하는 게 중요하다는 걸 깨달았어요. 작품 감상이 주는 고요한 재미와 야외 활동이 주는 자유로운 에너지가 서로 보완되어 아이에게 더 풍성한 경험을 선물할 수 있었답니다.

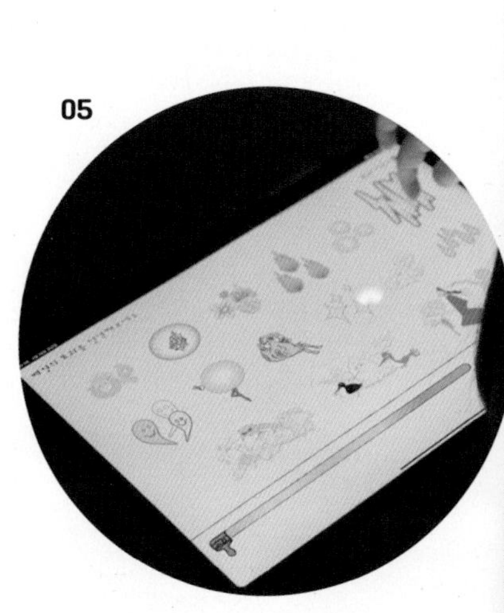

05 아이가 직접 해보는 체험형 미디어아트
06 다양한 체험형 전시

특히 야외에서 뛰어노는 시간은 에너지를 소비하는 것 이상의 의미가 있었어요. 조각 작품들 앞에서 아이와 이야기를 나누고, 작품을 자유롭게 해석하며 상상력을 자극한 시간은 전시를 감상하는 태도로 이어졌어요. 전시와 야외 활동이 따로 분리된 것이 아니라 유기적으로 연결될 수 있다는 점을 깨달은 경험이었답니다.

아이와 함께 미술관을 찾으면 모든 작품을 차분히 살펴보는 게 쉽지 않을 때가 많아요. 특히 조각 작품이나 설치미술처럼 즉각적으로 시선을 사로잡는 것이 아니라 정적인 평면 작품들이 전시된 공간에서는 더 그렇죠. 그런데 아이와 미술관을 다녀오며 새롭게 도전한 것이 있어요. 바로 하나의 작품을 천천히 느끼는 연습, 즉 슬로 씽킹(slow thinking) 감상법이었어요.

07 '빛: 영국 테이트미술관 특별전' 관람 모습

미술관에서 아이와 저는 평면 작품들을 보며 마치 숨은그림찾기를 하듯 작은 요소들에 집중해 보았답니다. "여기 이 작은 새는 어디를 바라보고 있을까?", "저 빨간색 선은 왜 여기에만 있을까?"와 같은 질문을 던지며 아이가 작품 속으로 조금씩 깊이 들어갈 수 있도록 도와주었죠.

단, 모든 작품을 이렇게 천천히 볼 수는 없었어요. 관심이 가지 않는 작품 앞에서는 아이가 빠르게 지나가기도 했죠. 그런 순간들도 중요한 배움의 일부입니다. 아이가 본능적으로 끌리는 작품이 무엇인지, 어떤 요소가 아이를 멈추게 하는지 알게 되면 미술관을 작품을 보는 곳이 아니라 아이와 대화하며 새로운 관점을 발견하는 공간으로 만들 수 있기 때문이죠.

모든 작품을 완벽히 감상할 필요는 없습니다. 한두 작품이라도 마음에 깊이 남았다면 아주 좋은 경험을 한 거니까요. 아이와 유심히 감상한 작품 중 하나는 빌헬름 함메르쇼이의 〈interior, Sun Light on the Floor〉(1906)입니다. 창문 밖은 어디고 창문 안은 어디인지 집에 오는 차 안에서 내내 이야기하더라고요.

작은 발견 하나가 큰 상상으로 이어지는 걸 보며 한 작품에 천천히 몰입하는 연습이 얼마나 중요한지를 느꼈습니다. 느리게, 그리고 깊이 보는 경험은 작품을 아이의 기억속에 오래 남기는 가장 좋은 방법이라는 것도요.

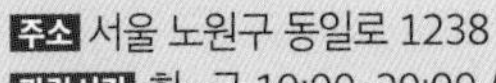

주소 서울 노원구 동일로 1238
관람시간 화~금 10:00~20:00 / 토·일·공휴일 10:00~19:00(11~2월은 10:00~18:00) / 운영 시간 1시간 전까지 입장 가능 / 월요일 및 1월 1일 휴무
이용요금 특별전 유료(전시마다 상이)
전화번호 02-2124-5201
웹사이트 https://sema.seoul.go.kr

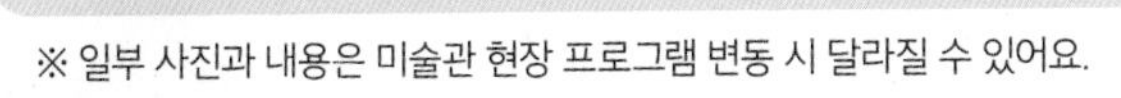

※ 일부 사진과 내용은 미술관 현장 프로그램 변동 시 달라질 수 있어요.

[작품을 느리게 보는 연습]

- **하나의 작품을 천천히 보기** 단순히 "멋지다"에서 끝나지 않고 작품 속 작은 요소들을 관찰하며 각각의 의미를 상상해 보세요.
- **아이와 대화하기** "여기에서 네 눈에 가장 먼저 들어온 게 뭐야?"와 같은 간단한 질문은 아이가 작품을 주의 깊게 살피고, 자기 감각을 표현할 기회를 줍니다.
- **느림을 즐기는 법 배우기** 미술관에서는 빠르게 지나가는 대신 느리게 걸으며 아이와 함께 호흡을 맞추는 것이 중요해요.

[작품을 천천히 본다는 것의 의미]

하나의 작품을 느리게 바라보는 연습은 예술 작품에만 국한되지 않아요. 이를 통해 아이는 주변을 더 세심히 살피고, 무엇이든 천천히 느끼며 자신의 속도로 이해하는 힘을 기를 수 있습니다. 이 과정에서 아이는 자신의 관심사를 발견하고 스스로 질문하며 사고하는 법을 배웁니다.

미대엄마가 먼저 가보았어요.

- 북서울미술관에서는 '어린이 갤러리'를 별도로 운영하며, 아이들이 직접 체험할 수 있는 전시와 교육 프로그램을 제공합니다.
- 미술관 근처에 공룡을 좋아하는 아이들을 위한 중계근린공원이 있으니 미술관 관람 후 공원을 함께 방문하는 코스를 추천합니다.
- 지하 주차장 이용이 가능하며 5분당 250원으로 비교적 저렴한 편입니다. 주차 공간이 부족할 경우 가까운 등나무근린공원 공영주차장을 이용할 수 있습니다.
- 관람 시간은 약 1~2시간 정도 소요됩니다.
- 넓은 잔디 광장이 있어서 날씨가 좋은 날에는 아이와 함께 야외를 산책하기 좋습니다.
- 3층에 작은 도서관이 있어 독서를 즐기기에도 좋습니다.
- 수유실과 물품 보관함이 구비되어 있어 편리하게 이용할 수 있습니다.
- 아이들이 직접 작품 창작에 참여할 수 있는 전시회가 종종 열립니다.
- 관람 편의를 위해 곳곳에 의자가 배치되어 있어 편안하게 쉴 수 있습니다.

미술관 야외 공간에서 하면 좋은 놀이

✦ 나만의 조각 만들기

활동 설명

- 야외에 전시된 조각 작품을 아이와 함께 보며 작품의 모양, 색깔, 질감 등에 대해 이야기를 나눠보세요.
- 주변에서 쉽게 찾을 수 있는 작은 돌멩이, 나뭇가지, 잎사귀 등 다양한 자연 소재를 아이와 함께 모아서 나만의 멋진 조각을 만들어볼 수 있어요.

방법

작품을 감상하며 아이에게 질문해 보세요. "이 조각은 어떤 모양처럼 보이니?", "어떤 이야기를 담고 있는 것 같아?" 대화를 나눈 뒤 함께 자연물을 주워 '우리만의 특별한 조각'을 만들어보세요. 완성된 작품에 아이와 함께 멋진 이름도 붙여보세요!

효과

이 활동을 통해 아이는 자연스럽게 관찰력과 상상력을 키우고 예술적 창의성도 발휘할 수 있습니다.

✦ 조각과 함께 포즈 놀이

활동 설명

- 야외에 있는 조각 작품을 보면서 아이와 함께 다양한 포즈를 따라해 보세요. 작품의 형태나 움직임을 재미있게 몸으로 표현하며 자유롭게 상상하는 놀이입니다.

방법

조각 작품 앞에서 아이에게 이렇게 말해보세요."이 조각처럼 멋진 포즈를 해볼까?"
아이와 번갈아 가며 창의적인 포즈를 취해보고, 사진을 찍어 추억으로 남겨보세요. 작품에서 느낀 점을 포즈로 표현하도록 유도하며 이야기를 확장해도 좋아요.

효과

아이와 함께 몸을 움직이며 예술 작품과 소통하는 경험을 할 수 있고, 창의적으로 자기표현을 할 수 있습니다.

________의 미술관 노트

*직접 작성해 보세요.

✦ 오늘의 전시 정보

- 전시 제목:
- 미술관 이름:
- 방문 날짜:
- 함께 간 사람:

✦ 방문 전 기대 미술관에 가기 전 어떤 생각이었는지 그림이나 글로 표현해 보세요.

✦ 첫인상 처음 미술관에 가서 본 첫 작품, 또는 주변 환경에 대한 첫인상을 그림이나 글로 표현해 보세요.

✦ 전시를 보고 느낀 점

- 가장 마음에 들었던 작품은 무엇인가요?

  작품 제목이나 특징을 적어보세요.

- 그 작품이 왜 좋았나요?

  색깔, 모양, 주제 등 이유를 자유롭게 적어보세요.

✦ 전시에서 새롭게 알게 된 점 전시를 통해 새롭게 배운 내용이나 흥미로웠던 점을 적어보세요.

✦ 나만의 상상과 이야기 전시를 보고 떠오른 상상이나 이야기를 적어보세요.

✦ 나만의 상상과 이야기 전시를 보고 떠오른 상상이나 이야기를 적어보세요.

"오늘 본 작품들은 ______________________ 같은 느낌이었어요."

"전시장을 걸어다니는 동안 ______________________ 생각이 들었어요."

"작품들이 나에게 ______________________ 하고 이야기해 주는 것 같았어요."

"전시의 색깔은 ______________________ 같았어요."

"전시를 보고 마음이 ______________________ 했어요."

✦ 전시에서 기억에 남는 장면을 그려보세요. 색연필로 자유롭게 꾸며도 좋아요.

아이와 미술로 소통하기: 예술의 의미를 발견하다

예술의전당

01

01, 02 예술의전당 외관
03 시계탑이 있는 밤의 모습
04 1101 어린이 라운지 외부

예술의전당은 우면산의 싱그러운 자연과 편안한 음악, 그리고 아름다운 미술 작품을 한 자리에서 만날 수 있는 따뜻한 복합 문화 공간이에요. 갈 때마다 마음이 여유로워지고 행복해지는 장소랍니다. 다양한 주제의 전시와 공연이 열려 방문할 때마다 새로운 예술을 만나는 즐거움을 느낄 수 있어요.

예술의전당은 오페라하우스, 한가람디자인미술관, 한가람미술관, 서울서예박물관, 음악당 등 여러 공간으로 구성되어 있어서 전시뿐 아니라 공연과 다양한 교육 프로그램도 함께 경험할 수 있답니다. 예술의전당 뒤쪽에 위치한 국립국악원 또한 아이들과 함께 방문하기 참 좋은 곳이에요. 실내와 야외 공간 모두 아이들이 편안하게 시간을 보낼 수 있도록 잘 꾸며져 있어서 날씨에 구애받지 않고 언제나 편하게 즐길 수 있어요.

04, 05 아이가 마음껏 뛰어놀 수 있는 1101 어린이 라운지
06 아이가 전시 체험을 즐기는 모습

예술의전당에서는 아이들을 위한 기획 전시도 비교적 자주 열려요. 비타민스테이션 지하 1층에 있는 '1101 어린이 라운지'에서는 다양한 체험 수업도 진행됩니다. 아이와 함께 미술관에 방문하기 전에는 어떤 전시가 있는지 미리 알아보고 가는 게 중요합니다. 전시를 보고 아이의 눈높이에 맞춰진 다른 공간에서 색다른 예술을 즐길 수 있다는 것이 1101 라운지의 큰 장점인 것 같아요. 아이가 신나게 공간을 즐기는 동안 엄마도 덩달아 힐링이 되는 아주 특별한 라운지랍니다.

저는 '앤서니 브라운 전'과 '내맘쏙: 모두의 그림책 전' 소식을 듣고 아이와 함께 작가들의 그림책을 먼저 읽은 후 전시를 보러 갔어요. 책 속의 캐릭터들이 큰 조형물로 전시되

어 있거나 그림이 실감 나는 원화로 전시되어 있어서 아이가 정말 신나게 관람할 수 있었답니다. 전시를 먼저 본 후 책을 읽어도 좋고, 책을 읽은 후 전시를 보아도 좋아요. 두 방법 모두 작품을 더 흥미롭게 경험할 수 있게 해준답니다. 특히 그림책 원화 전은 전시만 보고 끝나는 게 아니라 집에 돌아가서도 그림책을 다시 펼쳐 보며 아이와 이야기를 나눌 수 있어 더욱 의미 있었어요. 전시를 관람하고 나중에 뮤지컬까지 함께 보면 작가의 작품 세계를 더 깊이 있게 체험하고 풍성하게 즐길 수 있어요.

미술관에 가서 아이와 이야기를 나눈다는 건 굉장히 큰 의미를 갖는답니다. 작품을 함께 보는 순간은 아이가 세상을 느끼고 표현하며 상상력을 펼칠 수 있게 도와주는 소중한 시간이란 걸 잊지 마세요.

작품에 대한 객관적인 정보나 정답을 찾기보다는 아이가 그림을 보며 느끼는 감정을 편하게 표현하고 머릿속에 떠오르는 이야기를 자유롭게
나눌 수 있도록 다정한 분위기를 만들어주세요.
그러면 좀 더 가볍고 즐겁게 전시를
감상할 수 있을 거예요.

큰 그림 앞에서 아이에게 이렇게 질문해 보세요.
"이 그림을 보니까 어떤 느낌이 들어?"

07

아이마다 반응이 다 다를 거예요. 어떤 아이는 "정말 재미있어 보여요!"라고 하고, 어떤 아이는 "조금 무서워요."라고 할 수도 있죠. 중요한 건 아이의 말에 귀 기울이며 공감해 주는 거예요. "아, 그렇게 느꼈구나. 재미있다고 느낀 이유가 뭐였어?" 혹은 "조금 무섭게 느꼈구나. 어떤 부분이 그랬을까?" 하고 다시 물어보면 아이는 자신의 감정을 더 풍부하게 표현할 수 있답니다. 이런 대화가 아이가 스스로 생각을 정리하고 감정을 표현하며 상상력을 키우는 데 많은 도움이 돼요.

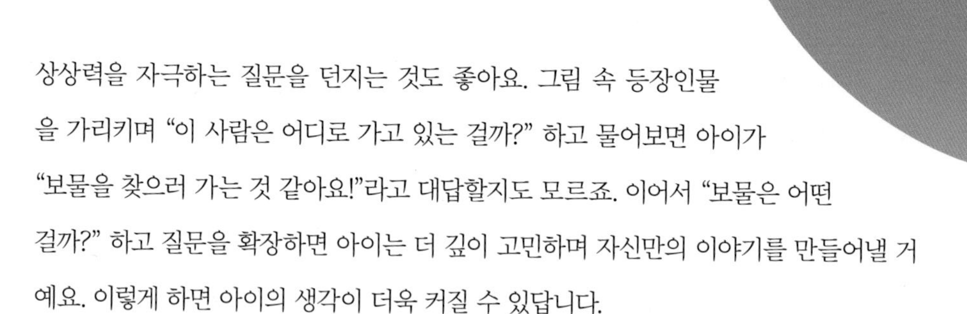

상상력을 자극하는 질문을 던지는 것도 좋아요. 그림 속 등장인물을 가리키며 "이 사람은 어디로 가고 있는 걸까?" 하고 물어보면 아이가 "보물을 찾으러 가는 것 같아요!"라고 대답할지도 모르죠. 이어서 "보물은 어떤 걸까?" 하고 질문을 확장하면 아이는 더 깊이 고민하며 자신만의 이야기를 만들어낼 거예요. 이렇게 하면 아이의 생각이 더욱 커질 수 있답니다.

그림 속의 작은 부분들을 함께 찾아보는 것도 재미있어요. "이 그림에서 파란색을 한번 찾아볼까?" 하고 놀이처럼 접근하면 아이는 새로운 디테일을 발견하는 재미를 느끼며 흥미롭게 작품을 감상할 수 있어요.
이렇게 작품을 세밀하게 관찰하는 활동은 아이의 관찰력과 집중력을 높여줍니다. 어쩌면 부모가 미처 보지 못한 새로운 걸 발견해서 부모님을 깜짝 놀라게 할지도 몰라요.

미술관에서의 경험은 미술관 문을 나서는 순간 끝나는 게 아니에요. 집으로 돌아온 뒤에도 자연스럽게 이어질 수 있답니다. 아이와 함께 "오늘 본 작품 중 어떤 게 가장 기억에 남았어?"라고 이야기 나눠보거나 "우리도 아까 본 작품처럼 한번 그려볼까?" 하며 함께 그림을 그려보세요. 이렇게 하면 미술관에서의 특별했던 경험이 일상 속의 창의적인 활동으로 자연스럽게 이어져요. 때로는 아이가 미술관에서 본 작품에서 영감을 얻어 자신만의 그림을 그리고, 그 안에 새로운 이야기를 만들어내며 놀이로 발전시키기도 할 거예요.

07 '내맘쏙: 모두의 그림책 전'에 설치된 어린이 체험전 활동 모습
08 전시를 즐기고 있는 아이

아이와 함께 미술관에 갈 때 가장 중요한 건 아이의 눈높이에서 작품과 세상을 바라보는 거예요. 아이들은 부모가 던지는 따뜻한 질문과 다정한 관심을 통해 자신의 감정을 자연스럽게 표현하고, 스스로 생각을 정리하며, 새로운 상상을 펼쳐나가는 방법을 배웁니다. 이런 과정을 통해 아이와 부모 사이에는 더욱 깊은 공감이 쌓이고, 함께 보낸 시간은 따뜻한 추억으로 오래 남게 될 거예요. 부모와 아이가 서로를 이해하고 마음을 나누며 더 가까워질 수 있는 특별한 장소가 되도록 만들어 보시기를 추천합니다.

10 '내맘쏙: 모두의 그림책 전'에 설치된 어린이 체험 공간

주소 **예술의 전당** 서울 서초구 남부순환로 2406
관람시간 10:00~19:00 / 매주 월요일 휴무
이용요금 전시별로 상이
전화번호 1668-1352
웹사이트 https://www.sac.or.kr/site/main/home

주소 **1101 어린이 라운지** 서울 서초구 남부순환로 2406 비타민스테이션
관람시간 10:00~20:00(입장 마감 19:00) / 매주 월요일 휴무
이용요금 이용 연령이 만 7세까지이며 요금은 홈페이지 참고
전화번호 02-580-1101
웹사이트 http://www.1101.co.kr/

※ 일부 사진과 내용은 미술관 현장 프로그램 변동 시 달라질 수 있어요.

미대엄마가 먼저 가보았어요.

- 4~10월까지 음악분수가 운영되며, 예술의전당 홈페이지에서 일정을 확인할 수 있습니다. (월요일, 우천 시 제외)
- 예술의전당에서는 어린이 아카데미를 운영합니다. 보다 자세한 내용은 홈페이지를 참고하세요.
- 전시뿐만 아니라 아이들을 위한 뮤지컬과 음악회도 개최되니 스케줄을 확인하고 관람하는 것을 추천합니다.

[아이의 그림 감상에 도움이 되는 질문들]

- "이 그림을 보니까 어떤 기분이 들어?"
  그림에 대한 첫인상과 감정을 끌어내는 기본 질문이에요.
- "이 그림에 들어갈 수 있다면 어디로 가 보고 싶어?"
  작품과 아이를 연결시키는 재미있는 상상 질문이에요.
- "이 그림 속에서 무슨 소리가 들릴 것 같아?"
  작품의 분위기를 소리로 연결하며 아이의 감각을 확장할 수 있어요.
- "이 그림이 맛을 낸다면 무슨 맛일까?"
  창의적인 대화를 유도하며 색다른 감각을 사용해 볼 수 있어요.
- "너라면 이 그림을 어떻게 다르게 그렸을 것 같아?"
  아이의 창의성과 독창적인 해석을 이끌어내는 질문이에요.
- "이 그림에서 제일 먼저 눈에 들어오는 건 뭐야?"
  작품의 구성이나 디테일에 주목하도록 돕는 질문이에요.
- "이 그림 속에서 시간을 보낸다면 어떤 기분이 들 것 같아?"
  작품의 분위기와 감정을 함께 느껴보는 질문이에요.

_________ 의 미술관 노트

*직접 작성해 보세요.

✦ 오늘의 전시 정보

- 전시 제목:
- 미술관 이름:
- 방문 날짜:
- 함께 간 사람:

✦ 방문 전 기대 미술관에 가기 전 어떤 생각이었는지 그림이나 글로 표현해 보세요.

✦ 첫인상 처음 미술관에 가서 본 첫 작품, 또는 주변 환경에 대한 첫인상을 그림이나 글로 표현해 보세요.

✦ 전시를 보고 느낀 점

- 가장 마음에 들었던 작품은 무엇인가요?
  작품 제목이나 특징을 적어보세요.

- 그 작품이 왜 좋았나요?
  색깔, 모양, 주제 등 이유를 자유롭게 적어보세요.

✦ 전시에서 새롭게 알게 된 점 전시를 통해 새롭게 배운 내용이나 흥미로웠던 점을 적어보세요.

✦ 나만의 상상과 이야기 전시를 보고 떠오른 상상이나 이야기를 적어보세요.

✦ 나만의 상상과 이야기 전시를 보고 떠오른 상상이나 이야기를 적어보세요.

"오늘 본 작품들은 ____________________ 같은 느낌이었어요."

"전시장을 걸어다니는 동안 ____________________ 생각이 들었어요."

"작품들이 나에게 ____________________ 하고 이야기해 주는 것 같았어요."

"전시의 색깔은 ____________________ 같았어요."

"전시를 보고 마음이 ____________________ 했어요."

✦ 전시에서 기억에 남는 장면을 그려보세요. 색연필로 자유롭게 꾸며도 좋아요.

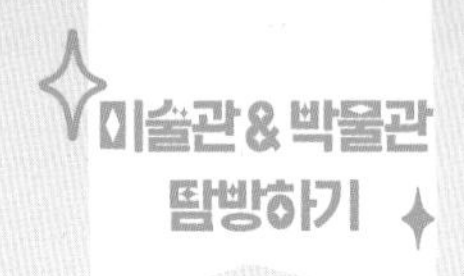

미술관과 박물관, 그 차이 알아보기

국립중앙박물관

01

01 국립중앙박물관 야외 정원
02 어린이 박물관 내부
03 국립중앙박물관 로비의 웅장한 모습

이 책에서는 주로 미술관에 대한 이야기를 나누고 있지만 꼭 추천하고 싶은 문화 공간이 있어서 소개합니다. 바로 국립중앙박물관이랍니다. 처음에는 '박물관'이라는 단어가 아이에게 낯설고 어렵게 느껴지진 않을까 걱정했는데요. 오히려 아이는 미술관과 박물관이 어떻게 다른지 궁금해하며 계속해서 질문을 던졌어요. "엄마, 미술관은 그림이 있는데, 박물관에는 어떤 게 있는 거야?"라는 아이의 작은 질문이 예상보다 더 깊고 재미있는 대화로 이어졌답니다.

특히 국립중앙박물관 안에 있는 '어린이 박물관'은 아이들이 우리 문화유산과 역사를 놀이처럼 쉽고 재미있게 배우고 경험할 수 있는 최고의 공간입니다. 박물관이란 이름이 조금 딱딱하게 느껴질 수도 있지만 이곳은 어린아이들이 스스로 흥미를 느끼고 적극적으로 즐길 수 있도록 잘 구성되어 있어서 더욱 좋았답니다.

04, 05 다양한 체험을 할 수 있는 어린이 박물관 내부 **06** 국립중앙박물관 내부 **07** 디지털 실감 영상관

어린이 박물관 입구에 들어서자마자 아이는 눈을 반짝이며 신나게 달려갔어요. 전통 문양이 예쁘게 새겨진 다양한 물건들을 직접 만지고 조립해 볼 수 있는 공간을 보더니 마치 놀이터에 온 것처럼 좋아했답니다.

작은 손으로 조심스럽게 유물을 따라 만들던 아이에게 물었어요.
"이 물건은 어떤 사람들이 만들었을까?"
아이는 밝게 웃으며 이렇게 대답하더군요.
"옛날 사람들이 만든 거지만 나도 만들 수 있을 것 같아! 나도 손이 있잖아."

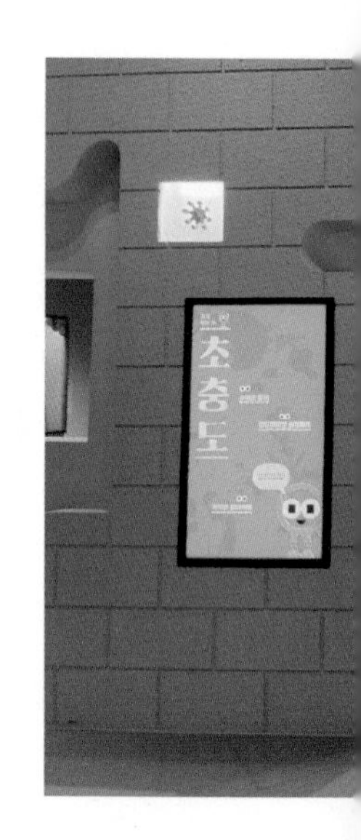

대답을 듣는 순간 아이가 문화유산을 그저 '옛날 물건'으로만 바라보는 게 아니라 자신의 현재와 연결해서 보고 있다는 걸 느꼈어요. 역사가 먼 과거의 이야기가 아니라 지금의 나와 이어진 가능성이라는 아이의 순수하고 신선한 시선을 발견할 수 있었습니다.

어른들을 위한 박물관은 아이에게 조금 지루할 수도 있죠. 그래서 아이들에게 어린이 박물관은 정말 좋은 대안이 됩니다. 특히 이곳엔 36개월 이하의 어린 아이들이 편하게 놀고 쉴 수 있는 '데굴데굴 놀이터'도 마련되어 있어서 어린 아이가 있는 가족들도 편하게 이용할 수 있답니다.

박물관 선생님과 함께하는 '쑥쑥 배움터'는 아이가 직접 참여하여 더 깊고 재미있게 배울 수 있는 경험을 제공해요. 아이는 놀이를 통해 자연스럽게 우리 문화와 역사를 접하게 되지요. 부모도 함께 흥미롭게 즐길 수 있어 정말 유익하답니다.

어린이 박물관만 방문한 것은 아니었답니다. '디지털 실감 영상관'에서도 아이는 정말 흥미롭게 전시를 관람했어요. 디지털 실감 영상관의 콘텐츠는 유튜브에서 '디지털 실감 영상관 온라인 실감 콘텐츠'를 검색하면 미리 보기가 가능해요. 물론 실제로 가서 보았을 때의 몰입감과 생생함은 영상으로 보는 것과는 비교할 수 없이 인상적이었답니다.

06

07

08 국립중앙박물관 상설전

어두운 방 안으로 들어가자 거대한 화면과 함께 유물과 자연, 역사 이야기가 펼쳐졌고, 아이는 금세 빠져들었어요. 신기한 듯 아이는 이렇게 말하더군요. “엄마, 시간이 거꾸로 흘러가고 있어! 이게 진짜 옛날 모습이야?” 영상을 통해 마치 시간 여행을 하는 듯한 경험이 아이에게 정말 인상 깊었던 것 같아요.
국립중앙박물관이 특히 좋았던 것은 7개의 상설전시관과 9,884점이나 되는 다양한 유물을 보유하고 있으며, 무료로 관람할 수 있다는 점이에요. 하지만 규모가 워낙 크다 보니 아이가 금방 지칠 수 있어요. 방문하기 전에 미리 온라인으로 전시관들을 둘러보고, 아이가 관심을 보이는 몇 개의 관을 정해 가시는 걸 추천합니다. 어린아이들은 그림보다는 조각이나 공예 같은 입체적인 전시물을 더 흥미롭게 느끼기도 하거든요. 아이의 컨디션을 보면서 편안하게 둘러보는 게 가장 좋습니다.

날씨가 좋은 날에는 박물관 야외 공간도 꼭 방문해 보세요. 여유롭고 아름다운 공간에서 아이와 함께 편안한 시간을 보낼 수 있어 더욱 좋답니다. 유물 관람은 물론 새로운 눈으로 세상을 탐험하고 느끼는 특별한 장소가 되기를 바라요. 국립중앙박물관에서 아이와 잊지 못할 멋진 하루를 보내시길 추천합니다.

주소 서울 용산구 서빙고로 137 국립중앙박물관 어린이 박물관
관람시간 월·화·목·금·일 10:00~18:00 / 수·토 10:00~21:00
이용요금 무료
전화번호 02-2077-9000
웹사이트 https://www.museum.go.kr/site/main/home

※ 일부 사진과 내용은 미술관 현장 프로그램 변동 시 달라질 수 있어요.

미대엄마가
먼저 가보았어요.

- 용산역에서 도보로 쉽게 갈 수 있어 대중교통은 물론 자가용으로도 방문하기 편리해요.
- 어린이 박물관은 홈페이지에서 미리 예약하고 방문하는 게 좋아요.
- 주로 5~7세 아이들이 참여하기 좋은 공간이니 아이의 연령과 관심사에 맞춰 계획을 세워보세요.
- 홈페이지에서 미리 활동지나 자료를 다운받아 가면 더욱 알차게 관람할 수 있답니다.

[아이와 이야기 나눠 보세요]

- 미술관과 박물관의 차이점은 무엇일까요?

미술관과 박물관은 모두 우리에게 다양한 경험과 배움을 주는 소중한 공간이지만 초점과 역할에서 차이를 가지고 있습니다. 미술관은 '예술', 박물관은 '역사'에 중점을 두고 있습니다.

- **미술관**은 주로 회화, 조각, 설치미술 같은 예술 작품을 감상하는 공간입니다. 예술가의 창작물 속에 담긴 미적 가치를 느끼고, 작품이 전하는 이야기를 상상하며 감동할 수 있어요.
  질문 예시 "이 그림이 어떤 이야기를 하는 것 같아?"
- **박물관**은 역사, 과학, 자연 그리고 다양한 문화유물을 전시하는 공간입니다. 고대의 유물이나 자연사적 자료를 통해 과거를 배우고, 세상에 대한 호기심을 기를 수 있지요.
  질문 예시 "이 물건은 옛날 사람들에게 어떤 의미였을까?"

- 공통점과 차이를 이야기해 보세요.

아이와 미술관과 박물관을 방문하며 공통점과 차이를 대화로 나눠보세요.

- **공통점** 두 공간 모두 우리의 생각을 자극하고, 새로운 지식을 얻을 수 있는 곳입니다.
- **차이점** 미술관은 감정과 창의력을, 박물관은 지식과 탐구심을 자극합니다.

미술관에서 예술을, 박물관에서 역사를 배우는 과정을 통해 아이는 세상에 대한 다양한 관점을 배울 수 있습니다. 이런 대화는 아이의 호기심과 상상력을 쑥쑥 키우는 데 큰 도움이 될 거예요.

________의 미술관 노트

*직접 작성해 보세요.

✦ 오늘의 전시 정보

- 전시 제목:
- 미술관 이름:
- 방문 날짜:
- 함께 간 사람:

✦ 방문 전 기대 미술관에 가기 전 어떤 생각이었는지 그림이나 글로 표현해 보세요.

✦ 첫인상 처음 미술관에 가서 본 첫 작품, 또는 주변 환경에 대한 첫인상을 그림이나 글로 표현해 보세요.

✦ 전시를 보고 느낀 점

- 가장 마음에 들었던 작품은 무엇인가요?
  작품 제목이나 특징을 적어보세요.

- 그 작품이 왜 좋았나요?
  색깔, 모양, 주제 등 이유를 자유롭게 적어보세요.

✦ 전시에서 새롭게 알게 된 점 전시를 통해 새롭게 배운 내용이나 흥미로웠던 점을 적어보세요.

✦ 나만의 상상과 이야기 전시를 보고 떠오른 상상이나 이야기를 적어보세요.

✦ 나만의 상상과 이야기 전시를 보고 떠오른 상상이나 이야기를 적어보세요.

"오늘 본 작품들은 ______________________ 같은 느낌이었어요."

"전시장을 걸어다니는 동안 ______________________ 생각이 들었어요."

"작품들이 나에게 ______________________ 하고 이야기해 주는 것 같았어요."

"전시의 색깔은 ______________________ 같았어요."

"전시를 보고 마음이 ______________________ 했어요."

✦ 전시에서 기억에 남는 장면을 그려보세요. 색연필로 자유롭게 꾸며도 좋아요.

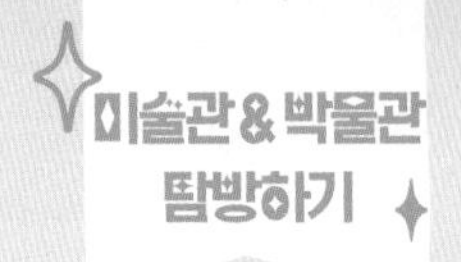

야외 예술 체험과 즐거운 놀이 공간

가나아트파크

이곳은 마치 대자연 속에 만들어진 커다란 놀이터 같은 느낌을 주는 특별한 공간이에요. 넓은 잔디밭과 울창한 나무 사이로 다양한 조각 작품들이 자연스럽게 어우러져 있고, 곳곳에 흥미로운 설치미술 작품들도 있어 아이들이 마음껏 뛰어놀며 자유롭게 예술을 체험할 수 있답니다. 이것이 바로 아이들에게 특히 사랑받는 이유이지요.

아이들이 예술을 만나는 순간을 가만히 지켜보세요. 야외에서 하는 예술 체험은 실내 전시보다 훨씬 생생하고 역동적이며, 아이들의 감각을 활기차게 깨워준답니다. 물론 미술관 내부에서도 작품을 차분히 감상할 수 있지만 이곳의 가장 큰 매력은 탁 트인 자연 속에서 작품을 직접 느끼고 놀이처럼 즐길 수 있다는 점이에요.

01 가나아트파크 토시코 맥아담의 에어포켓 놀이터 **02** 가나아트파크 외부 놀이 공간

02

아이는 마치 '조각 작품과 숨바꼭질'을 하듯 이리저리 뛰어다니며 신나게 탐색했어요. 조각 앞에 멈춰 서서는 "엄마, 이건 왜 이렇게 생긴 걸까?" 하고 호기심 가득한 질문을 던지기도 했지요. 사실 부모들이 가장 난감해하는 순간이 바로 이럴 때가 아닐까 싶어요. '나도 잘 모르는데 어떻게 대답해 주지?' 하는 걱정이 드니까요.

하지만 작품에 대한 정답을 알지 못해도 괜찮아요. 이럴 땐 오히려 솔직하게 "엄마도 잘 모르겠는데, 우리 같이 한번 생각해 볼까?" 하고 아이에게 질문을 던져보는 거예요. 작품 주변을 빙빙 돌면서 함께 관찰하고, 떠오르는 생각이나 느낌을 자유롭게 이야기해 보는 순간들이야말로 아이에게 정말 의미 있는 예술적 경험이 됩니다.

03 야외 체험형 공간 **04** 가나아트파크 전경

03

04

흔히 '미술 지식이 부족해서 아이에게 제대로 설명하지 못한다'고 생각하는데, 사실 아이들에게 필요한 것은 미술에 대한 어려운 설명이 아니라 작품 앞에서 느끼는 '솔직한 감정과 생각'을 공유하는 일이랍니다. 저 역시 미술관에서 처음 보는 작품 앞에 서면 "색감이 참 따뜻하게 느껴지네.", "이 조각 옆에서 나는 바람 소리가 정말 좋다." 처럼 평범하지만 따뜻한 말로 아이와 이야기를 시작하곤 해요. 그러면 아이도 자연스럽게 "나도 이 색이 너무 좋아!", "여기 앉으니까 풀 냄새가 난다!"라며 자신만의 감성과 언어로 작품을 즐기게 된답니다. 이처럼 예술을 감상하는 일은 지식을 배우는 게 아니라 서로의 감정을 교류하고 따뜻한 경험을 나누는 과정이에요.

05 어린이 놀이 공간 **06** 가나아트 어린이 놀이 공간 **07** 가나아트파크 에어포켓 놀이터에서의 아이 모습

가나아트파크가 특히 매력적인 점은 바로 '놀이'의 요소가 자연스럽게 어우러져 있다는 것이에요. 이곳의 넓은 야외 공간에서는 아이들에게 "조용히 해!"라고 말할 필요가 없어요. 아이들이 마음껏 뛰어놀며 작품과 직접 상호작용할 수 있도록 꾸며진 공간이기 때문이죠. 어떤 아이들은 작품 주변을 신나게 뛰어다니고, 살짝 작품을 만져보며, 손끝으로 느껴지는 감촉을 탐구하기도 한답니다(물론 작품이 다치지 않게 조심스럽게 말이에요!). 이때 중요한 것은 무작정 "만지지 마!"라고 하는 것이 아니라 "손으로 살살, 조심스럽게 만져볼까? 작품도 소중하니까 함께 아껴주자."라고 말하며 예술을 존중하는 태도를 알려주는 것이랍니다.

야외 미술관의 또 다른 특별한 매력은, 아이에게 시각적이고 감각적인 휴식을 함께 제공한다는 점이에요. 도심 속 실내 미술관이 주로 시각에 초점이 맞춰져 있다면 가나아트

07

파크는 따뜻한 햇살, 기분 좋은 바람, 흙 내음, 그리고 새들의 지저귐까지 자연의 온갖 요소들이 감각적으로 아이에게 다가와요. 아이가 조각 작품을 바라보다가 갑자기 잔디 위에 누워 하늘을 올려다봐도 이상하지 않을 만큼 편안하고 자유로운 분위기입니다. 이럴 때 아이에게 부드럽게 물어봐 주세요. “지금은 어떤 느낌이 들어?” 그러면 아이는 “하늘이 작품보다 훨씬 더 파래!”라고 답할 수도 있고, “바람 때문에 머리카락이 간질거려!” 같은 귀여운 표현으로 자신의 감각을 이야기할지도 몰라요. 이런 소소한 순간들이 바로 아이에게 ‘예술과 삶이 자연스럽게 이어지는 소중한 경험’으로 남게 된답니다.

이처럼 자연 속에서 뛰어놀며 작품을 만나는 야외 경험 외에도 가나아트파크 내부에는 가나어린이 미술관, 피카소미술관, 어린이 체험관 등 실내 공간도 다양하게 마련되어 있어요. 다양한 전시와 계절별 체험 프로그램이 함께 운영되어 하루 종일 머물며 예술과 놀이를 골고루 즐길 수 있답니다.

주소 경기도 양주시 장흥면 권율로 117
관람시간 평일 10:30~18:00(입장 마감 17:00)
(10월~3월 10:00~18:00(입장 마감 17:00)/ 4월~9월 10:00~19:00(입장 마감 18:00))
*매주 월요일(공휴일 제외) 정기휴관
*관람시간에 변동이 있을 수 있으니 방문 전 홈페이지 또는 전화 문의 필수
이용요금 유료 ※ 관람 및 할인 요금은 홈페이지 확인 또는 전화 문의 요망
전화번호 031-877-0500
웹사이트 http://www.artpark.co.kr

※ 일부 사진과 내용은 미술관 현장 프로그램 변동 시 달라질 수 있어요.

미대엄마가 먼저 가보았어요.

- 실내 기획 전시와 국내외 유명 작가들의 상설 전시를 비롯해 학령기 아동에게 현대미술에 관한 지식을 알려 줄 수 있는 전시가 열리기도 하니 홈페이지를 통해 내용을 미리 확인해 주세요.
- 주차장이 비교적 넓어서 자가용을 이용하기가 편리합니다. (주차장 이용 요금은 변동될 수 있으니 방문 전 홈페이지에서 미리 확인하세요.)
- 대중교통 이용 시 지하철역이나 시외버스 정류장에서 환승 버스를 타야 하므로 시간 여유를 두고 방문하는 게 좋아요.
- 넓은 야외 공간을 편하게 돌아다니며 작품을 감상할 수 있도록 편안한 신발과 계절에 맞는 복장을 꼭 준비하세요.
- 야외 공간이 매우 넓어서 아이들이 마음껏 뛰놀기 좋고, 작품을 배경으로 사진을 찍으며 즐거운 체험을 하기에 좋아요.
- 날씨 상황에 따라 일부 시설이나 작품에 접근이 제한될 수도 있어요.
- 여름에는 모자와 선크림 등 햇빛 차단 용품을, 겨울에는 따뜻한 옷차림과 방한용품을 준비하시면 더욱 쾌적하게 관람할 수 있습니다.

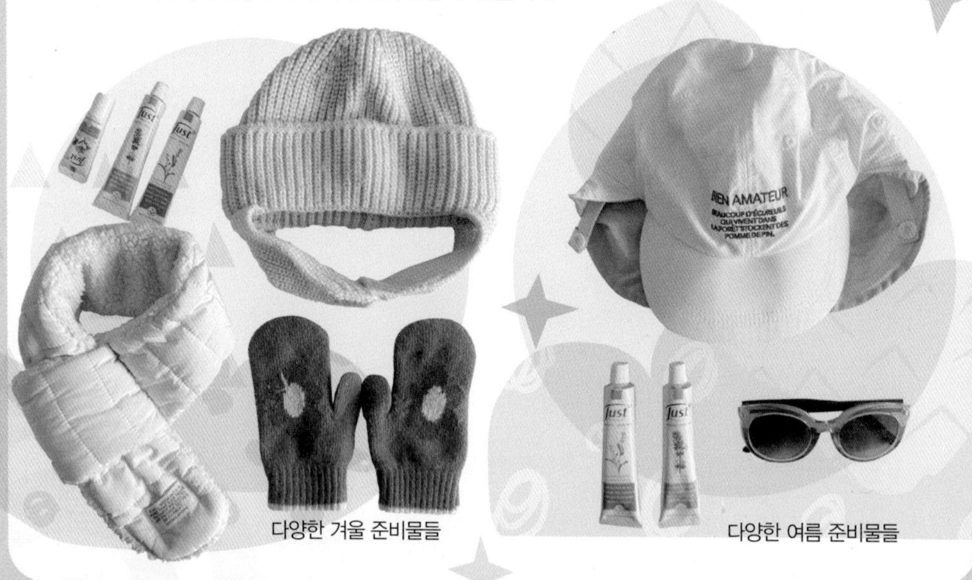

다양한 겨울 준비물들

다양한 여름 준비물들

[야외 예술 체험 & 놀이형 공간 즐기는 꿀팁]

가나아트파크의 야외 예술 체험 공간은 자연 속에서 작품을 자유롭게 감상하고, 온몸으로 예술을 느끼기에 최적입니다. 야외 공간에는 아이를 위한 놀이 공간이 있어서 많은 아이들이 내부 전시를 보기 전후에 외부 놀이 공간에서 즐겁게 뛰어노는 모습을 볼 수 있어요. 아래 팁들을 참고해서 더욱 풍성한 추억을 만들어 보세요. 어느 순간 예술이 우리의 휴식과 놀이가 되어 있다는 걸 느끼게 될 거예요.

1. 편안한 복장과 신발 준비하기

넓은 야외 공간을 돌아다니는 경우가 많으므로 편한 운동화를 추천해요. 계단이나 잔디가 있는 곳도 있으니 아이들의 활동을 고려해 미끄럼 방지 신발을 신으면 더 좋아요.

2. 날씨 · 계절에 맞는 장비 챙기기

여름철에는 모자 · 선크림 · 물 등을, 겨울철에는 따뜻한 외투와 손난로 등을 챙겨주세요. 야외 전시장은 실내보다 기온 변화가 크게 느껴질 수 있답니다.

3. 가벼운 스케치북이나 메모장 준비하기

마음에 드는 작품을 즉석에서 그려보거나 짧은 메모를 남겨보는 것도 좋아요. "내가 본 이 작품은 이런 느낌이었어!"라고 기록해 두면 집에 와서 또 한 번 추억을 되새길 수 있답니다.

4. 체험 프로그램이나 이벤트 놓치지 말기

야외 미술관 · 조각공원에서는 주말이나 방학 시즌에 별도의 체험 이벤트나 전시 연계 프로그램을 운영하는 경우가 많아요. 아이들이 참여형 프로그램을 통해 작품을 직접 만들어 보거나 작가와 대화하는 기회가 있을 수 있으니 미리 일정을 확인한 후 신청해 보세요.

5. 간단한 간식과 휴식 공간 활용

넓은 야외를 걷다 보면 아이도 어른도 금세 지치기 쉽죠. 휴식 공간이나 벤치를 찾아 작품을 보며 쉬고, 간단한 간식을 먹는 시간을 가져보세요. 여유 있는 관람이 더 풍부한 예술 체험으로 이어집니다.

________ 의 미술관 노트

*직접 작성해 보세요.

✦ 오늘의 전시 정보

- 전시 제목:
- 미술관 이름:
- 방문 날짜:
- 함께 간 사람:

✦ 방문 전 기대 미술관에 가기 전 어떤 생각이었는지 그림이나 글로 표현해 보세요.

✦ 첫인상 처음 미술관에 가서 본 첫 작품, 또는 주변 환경에 대한 첫인상을 그림이나 글로 표현해 보세요.

✦ 전시를 보고 느낀 점

- 가장 마음에 들었던 작품은 무엇인가요?
  작품 제목이나 특징을 적어보세요.

- 그 작품이 왜 좋았나요?
  색깔, 모양, 주제 등 이유를 자유롭게 적어보세요.

✦ 전시에서 새롭게 알게 된 점 전시를 통해 새롭게 배운 내용이나 흥미로웠던 점을 적어보세요.

✦ 나만의 상상과 이야기 전시를 보고 떠오른 상상이나 이야기를 적어보세요.

✦ 나만의 상상과 이야기 전시를 보고 떠오른 상상이나 이야기를 적어보세요.

"오늘 본 작품들은 ______________________ 같은 느낌이었어요."

"전시장을 걸어다니는 동안 ______________________ 생각이 들었어요."

"작품들이 나에게 ______________________ 하고 이야기해 주는 것 같았어요."

"전시의 색깔은 ______________________ 같았어요."

"전시를 보고 마음이 ______________________ 했어요."

✦ 전시에서 기억에 남는 장면을 그려보세요. 색연필로 자유롭게 꾸며도 좋아요.

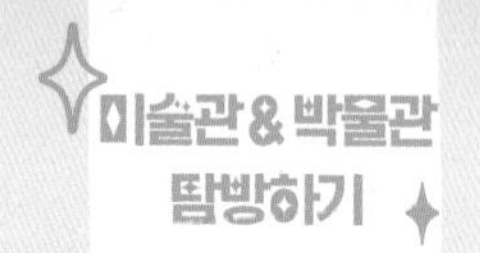

컬렉션에 숨어 있는 이야기를 찾아서

구하우스미술관

01

미술관이 가진 어렵고 조용해야 한다는 선입견을 조금이나마 내려놓을 수 있는 곳, 경기도 양평의 구하우스랍니다. 폭신한 소파, 테이블 위에 자연스럽게 놓인 오브제, 벽에 걸린 그림들까지. 일상과 예술의 경계가 사라진 이 특별한 집 같은 공간에서 아이와 나누는 대화는 한결 편안했어요. 친정엄마도 함께 관람했는데 구하우스의 따뜻한 느낌을 참 좋아하셨지요.

"엄마, (이 그림에서 나는) 노란색이 제일 예뻐." 아이의 귀여운 손끝이 작품 한구석을 가리켰을 때 깨달았어요. 아이의 마음속에서 작품이 어떤 방식으로 반짝이고 있는지 대화하는 것만으로도 예술이 주는 기쁨이 두 배가 된다는 사실을요. 우리는 그 자리에서 작품의 색감이며, 모양이며, 작가가 왜 이런 구도를 택했을지에 대해 간단하게 이야기를 나누어보았어요. 정답을 찾기 위한 대화가 아니라 "왜 그런 느낌이 들까?", "어떤 생각이 떠올라?" 하는 작은 질문들을 던지며 서로의 생각을 있는 그대로 나누었답니다. 아이는 스스로 이야기를 만들어가는 듯 즐겁게 작품을 바라봤고, 저는 그 과정을 지켜보며 예술이 결코

01 구하우스 외부 전경
02 구하우스 입구
03 구하우스 2층 공간

04 구하우스 전시관 **05** 소품 하나하나가 공간을 만들어내는 구하우스 전경(제공: 구하우스미술관)
06 데이비드 호크니 〈pictures at an exhibition〉 작품 앞에서

딱딱한 지식이 아니라 '마음으로 느끼는 것'임을 또 한 번 깨달았어요. 친정엄마와도 함께 대화를 나누면서 평소 어떤 취향을 가지고 있는지 등 서로를 알아갈 수 있었답니다.

구하우스 곳곳에 놓인 다양한 예술 작품들은 그 자체로 하나의 '컬렉션'처럼 보여요. 미술관이 아닌 '누군가의 집', '집 같은 미술관'이라는 형태를 취하고 있어서인지 공간 속에 자연스레 스며든 그림과 조각, 디자인 오브제들이 서로 어우러지며 편안한 분위기를 느낄 수 있었어요.

아트 컬렉팅(Art collecting)이 꼭 비싼 그림이나 유명 작가의 작품을 모으는 것이 아니라 마음에 작은 울림을 주는 것들을 하나둘 모아두는 일이라고 아이에게 쉽게 설명해 주었답니다. 아이는 "나도 집에 가면 내가 좋아하는 것들을 모아두고 싶어."라며 즐거워했고요. 관람을 끝내고 카페에 들러 구하우스에서 본 작품 사진들을 보면서 "이 작품은 어떤

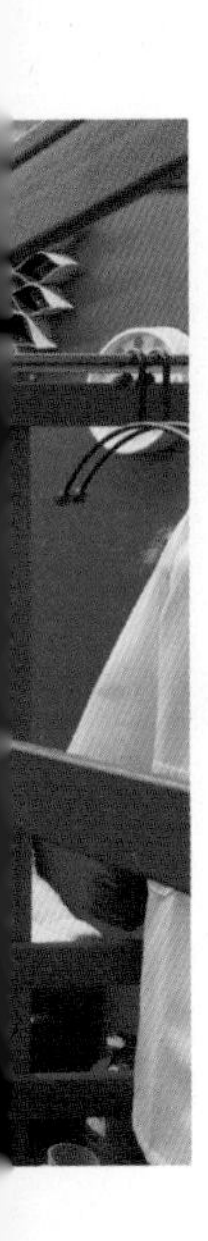

느낌이었지?" 하고 다시 대화를 이어가기도 했어요. 사진들을 작게 인화하여 모아 두는 것이 아주 작은 컬렉팅의 시작이겠지요. 아주 작은 엽서 한 장, 전시회에서 얻은 팸플릿 한 장을 모으는 것도 물론이고요.

아이에게는 "우리가 왜 이 작품을 좋아했더라?" 하고 되짚어보는 그 시간이, 엄마에게는 아이와 예술을 매개로 소통하는 그 순간이 무엇보다 소중해요. 그리고 나중에 실제 작품을 구매하게 되더라도 이미 마음에 든 것들을 직접 모으고 들여다본 경험이 밑바탕이 되어 훨씬 현명하고 의미 있는 선택을 하게 되리라고 믿어요. 아직 예술을 잘 모른다고 걱정하지 않으셔도 돼요. 미술관이나 갤러리를 어렵게 여기지 말고 아이와 함께 작은 발걸음을 옮겨 구하우스 같은 편안한 공간부터 둘러보는 걸 추천합니다.

06

마치 집 안을 거닐 듯 작품 사이를 오가며 "너는 어떤 느낌이 들어?", "나는 이런 색이 마음에 들어." 라고 대화를 나누어 보세요. 그러다 보면 어느새 우리의 눈과 마음은 예술의 색깔로 차근차근 물들어 갈 거예요. 그리고 그 감동과 추억은 훗날 아이가 자라서도 이어지는, 평생의 문화적 자산이 되어 줄 거예요.

07 창밖 야외 공간을 바라보는 아이

미대엄마가 먼저 가보았어요.

- 구하우스에서는 귀여운 강아지가 관람객들을 반갑게 맞이해 준답니다. 작품을 감상하면서 강아지와 교감하는 즐거운 시간을 보낼 수 있어요. 작품 사이를 여유롭게 거닐며 강아지와 특별한 추억을 만들어보세요.
- 회화와 설치미술부터 미디어아트, 조각까지 현대미술의 다양한 장르를 한 자리에서 감상할 수 있는 것도 큰 매력이에요.
- 미술관 내부는 전형적인 전시 공간과 달리 따뜻하고 아늑한 집 같은 분위기로 꾸며져 있어요. 편안한 옷차림과 신발을 준비해 여유롭게 둘러보는 걸 추천합니다.
- 미술관 내부 작품을 꼼꼼히 살펴본 뒤 근처의 자연도 느껴보세요. 특히 주말에는 관람객이 많으니 일정에 여유를 두는 것이 좋습니다.
- 미술관 근처에 양평의 예쁜 카페들이 많으니 전시를 본 뒤에 차 한 잔의 여유를 즐겨보세요.
- 어린이/청소년을 위한 프로그램으로 <구하우스 탐색대>와 매주 목요일 오후 2시 정규 도슨트 그리고 일 년에 3-4회 기획전을 개최하고 있으니, 홈페이지 또는 인스타그램(@koohouse_museum)을 통해 미리 알아보고 방문하시는 것을 추천합니다.

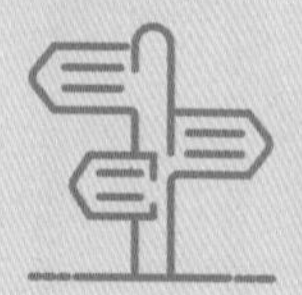

주소 경기 양평군 서종면 무내미길 49-12
관람시간 수·목·금 13:00~17:00 / 토·일·공휴일 10:30~18:00
이용요금 성인 15,000원 / 청소년 8,000원 / 어린이 6,000원
전화번호 031-774-7460
웹사이트 https://koohouse.org

※ 일부 사진과 내용은 미술관 현장 프로그램 변동 시 달라질 수 있어요.

[아이와 함께하는 아트 컬렉팅 이야기: 작품의 주인이 되는 법]

취미를 넘어 평생의 문화적 자산이 될 수 있는 아트 컬렉팅. 성인이 되어서도 아이가 예술에 대한 관심을 이어갈 수 있도록 지금부터 이야기를 나눠보면 어떨까요?

1. 나의 마음에서부터 시작하기

작품들은 각자 특별한 이야기를 담고 있어요. 그 이야기가 나의 마음을 울릴 때 작품을 선택해요. 원하는 작품을 고를 때는 마음의 소리를 들어보세요. 마음을 설레게 하는 작품을 선택하는 게 가장 중요하답니다. "왜 내가 이 작품을 좋아하지?"에 대한 생각을 깊게 해보는 연습을 하면 좋아요.

2. 작품을 직접 느끼고 기록하기

전시회를 방문했을 때 마음에 드는 작품을 사진으로 찍고, 느낌도 한두 줄로 적도록 해주세요. 이렇게 하나하나 직접 기록하면서 알아가다 보면 작품과 더 깊이 연결되고 '나만의 시선'도 갖게 됩니다.

3. 컬렉션의 주제나 스토리 설정하기

아이가 좋아하는 주제(예: 동물, 자연, 우주)나 특정 색깔, 혹은 감정(행복, 희망) 같은 키워드를 정해 작품을 모아보세요. 스토리가 있는 컬렉션을 하다 보면 컬렉팅이 더 즐거워집니다.

4. 조금씩 모아도 괜찮다는 걸 알기

엽서 한 장, 작은 프린트 작품, 아이가 직접 그린 그림 모두 훌륭한 컬렉션입니다. 무엇을 어떻게 수집하느냐가 아니라 그 과정에서 '즐거움'을 찾는 게 핵심이랍니다.

5. 아이가 작가나 큐레이터와 대화할 기회 마련하기

작가의 생각과 작업 과정을 직접 들어보면서 아이는 작품에 담긴 이야기를 깊이 이해하고 예술에 대한 호기심과 관심을 길러나갈 수 있어요. 큐레이터나 작가에게 궁금한 점을 물어보고 그 답을 직접 듣는 과정 자체가 아이에게는 값진 배움이랍니다.

________ 의 미술관 노트

*직접 작성해 보세요.

✦ 오늘의 전시 정보

- 전시 제목:
- 미술관 이름:
- 방문 날짜:
- 함께 간 사람:

✦ 방문 전 기대 미술관에 가기 전 어떤 생각이었는지 그림이나 글로 표현해 보세요.

✦ 첫인상 처음 미술관에 가서 본 첫 작품, 또는 주변 환경에 대한 첫인상을 그림이나 글로 표현해 보세요.

✦ 전시를 보고 느낀 점

- 가장 마음에 들었던 작품은 무엇인가요?
  작품 제목이나 특징을 적어보세요.

- 그 작품이 왜 좋았나요?
  색깔, 모양, 주제 등 이유를 자유롭게 적어보세요.

✦ 전시에서 새롭게 알게 된 점 전시를 통해 새롭게 배운 내용이나 흥미로웠던 점을 적어보세요.

✦ 나만의 상상과 이야기 전시를 보고 떠오른 상상이나 이야기를 적어보세요.

✦ 나만의 상상과 이야기 전시를 보고 떠오른 상상이나 이야기를 적어보세요.

"오늘 본 작품들은 ________________ 같은 느낌이었어요."

"전시장을 걸어다니는 동안 ________________ 생각이 들었어요."

"작품들이 나에게 ________________ 하고 이야기해 주는 것 같았어요."

"전시의 색깔은 ________________ 같았어요."

"전시를 보고 마음이 ________________ 했어요."

✦ 전시에서 기억에 남는 장면을 그려보세요. 색연필로 자유롭게 꾸며도 좋아요.

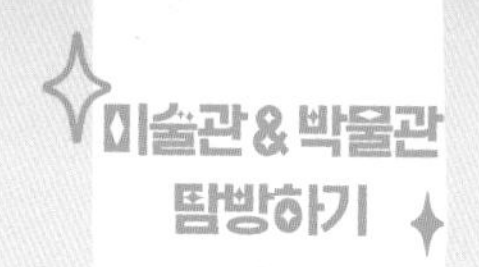

자연 속에서 예술을 만나는 힐링의 시간

벗이미술관

01

처음 용인에 위치한 벗이미술관을 찾았을 때 "도심에 흔히 있는 미술관과는 어떤 점이 다를까?" 하는 궁금증이 들었어요. 미술관에 한 발 다가서자 고즈넉한 자연과 함께 숨 쉬는 전시 공간이라는 느낌이 꽤 강하게 다가왔어요. 깔끔하게 정돈된 실내 전시실도 좋았지만 건물 주변으로 펼쳐진 푸른 녹음과 자연 풍광이 무엇보다 인상적이었습니다. 그 풍광 속에서 예술 작품이 은은하게 드러나는 모습은 도심 속 갤러리들과 분명히 달랐거든요.

벗이미술관의 가장 큰 특징은 단순히 작품을 전시하는 데서 멈추지 않고 '예술'과 '자연', 그리고 '사람'이 자연스럽게 어우러지게 해놓았다는 데 있어요. 한적한 풍경 속에서 마음의 여유를 갖고 감상하다 보니 작품이 주변의 나무나 잔디 그리고 바람 소리와 하나 되어 더욱 특별하게 다가왔습니다.

03

01 벗이미술관 건물 외관
02 야외 시설과 잔디
03 야외 놀이 시설

02

특히 아이와 함께 방문했을 때 잔디밭에서 다른 관람객들이 비눗방울을 불며 뛰노는 모습을 보았던 순간이 참 인상 깊었어요. 미술관이라고 하면 으레 조용히 예술 작품을 바라보는 곳이라고 생각하기 쉬운데, 이곳에서는 자연을 배경 삼아 아이들이 마음껏 뛰어놀고 비눗방울을 좇으며 웃음 짓고 있었죠. 그 풍경 자체가 작은 예술 작품처럼 느껴질 정도로 행복한 장면이었습니다. 덕분에 "아, 이 공간은 작품만이 아니라 사람들의 일상적 놀이와 추억까지 포용하는 곳이구나." 하는 생각이 들었어요

가족 단위 관람객이 많다는 점도 눈에 띄었습니다. 아이 손을 잡고 산책하듯 여유롭게 돌아보는 부모도 많았고, 친한 친구나 연인이 함께 시간을 보내는 모습도 자주 보이더군요. 작품을 보고, 이야기를 나누고, 사진을 찍으며 추억을 쌓는 모습들이 참 편안하게 느껴졌어요.

04

05

04 외부에 설치되어 있는 그네
05 나무와 함께 놓여 있는 항아리들
06 멋진 장식으로 꾸며져 있는 미술관 복도
07 클래스 입구

무엇보다 이곳에서 제가 가장 인상 깊었던 것은 일상을 떠나 자연 속에서 예술과 만나는 경험을 누구나 쉽게 할 수 있도록 이끌어준다는 점이었습니다. 도시의 분주함 교실·사무실 안에서 느껴지는 답답함에서 벗어나 온몸으로 자연을 느끼며 작품을 감상하다 보니 마음속 무언가가 환기되는 기분이 들더군요. 그렇게 한 바퀴 천천히 둘러보고 나니 일상으로 돌아가는 발걸음이 한층 가벼워지고, 예술이 결코 멀리 있는 것이 아니라 삶 속 곳곳에 스며들 수 있는 존재임을 다시 한번 실감하게 됐답니다.

어쩌면 바로 그 경험이 이 미술관을 '벗'으로 만드는 힘이 아닐까 싶어요. 자연과 예술, 그리고 관람객이 서로 스며들어 새로운 이야기를 만들어내는 곳이니까요. 그런 벗이미술관에서 아이와 함께 여유로운 추억을 만들어보세요. 잔디밭에서 불어오는 바람에 비눗방울을 날리며 작품을 배경 삼아 사진을 찍고, 나무 그늘에서 예술에 관한 짧은 대화를 나누다 보면 분명 일상의 작은 쉼표가 생길 거예요.

08 미술관 안의 작은 갤러리

미대엄마가 먼저 가보았어요.

- 소외계층, 장애인, 비전문가 모두가 편안하게 예술을 즐길 수 있는 문화 예술 공간이에요.
- 대중교통보다는 자가용 이용이 더 편리하답니다.
- 다양한 클래스와 프로그램이 진행되니 홈페이지를 미리 확인하고 방문하세요.
- 카페와 대관 가능한 VIP 라운지 등 다양한 편의시설이 잘 갖춰져 있어서 여유롭게 쉬면서 시간을 보낼 수 있어요.
- 놀이공간 옆 카페에서는 커피는 물론 간단한 식사까지 가능해요.
- 용인시 처인구 양지면 일대에는 팜스테이, 레저시설 등 즐길 거리가 많아요. 미술관 방문 후 주변 자연을 산책하거나 지역 특산 음식을 맛보는 등 반나절 정도 여유롭게 일정을 잡으면 더욱 풍성한 하루를 보낼 수 있답니다.
- 주말과 공휴일은 관람객이 많아 전시 및 체험 프로그램이 조기 마감되거나 대기 시간이 길어질 수 있으니 참고해 주세요.

주소 경기 용인시 처인구 양지면 학촌로53번길 4
관람시간 10:00~18:00 / 매주 월요일 정기 휴관(홈페이지 확인 요망)
이용요금 성인 10,000원 / 학생(8세 이상) 4,000원 / 미취학 아동·경로·장애인 무료
전화번호 031-333-2114
웹사이트 https://www.versi.co.kr

※ 일부 사진과 내용은 미술관 현장 프로그램 변동 시 달라질 수 있어요.

[예술과 자연을 함께 즐기는 법]

아이와 함께 '자연과 예술'을 동시에 즐길 수 있는 몇 가지 방법을 소개합니다.

1. 자연을 '첫 번째 전시'로 느끼도록 돕기

미술관 건물에 들어가기 전 주변 풍경부터 둘러보며 "저 나무는 어떤 색깔이야?", "바람이 어떤 소리를 내지?"처럼 자연에 대한 이야기를 먼저 나눠보세요. 자연이 아이에게 '또 하나의 전시 공간'처럼 느껴지면 예술 작품을 바라볼 때도 훨씬 자유로운 상상력이 발휘됩니다.

2. 몸으로 느끼고 휴식도 함께하기

공간이 넓은 미술관에서는 아이가 뛰어다니거나 자연 속 잔디밭에 앉아보는 경험도 소중해요. '정숙'만을 강요하기보다는 작품과 자연을 오감으로 체험할 수 있도록 가벼운 움직임을 허용해 주세요. 중간중간 벤치나 전망대를 찾아 쉬면서 에너지도 보충하면 관람 시간이 훨씬 즐거워집니다.

3. 자연물로 즉석 예술 놀이하기

나뭇잎, 잔가지, 돌멩이 등은 훌륭한 창작 재료가 됩니다. 미술관 마당이나 산책로 근처에서 아이와 함께 '마음에 드는 자연물'을 골라보세요. 그리고 그 자리에서 나뭇잎으로 얼굴을 꾸미거나 돌멩이로 간단한 모양을 만들어보는 즉석 놀이를 시도해 보세요. 아이가 자연물의 색과 질감을 직접 느끼며 창작해 볼 수 있어 예술에 대한 흥미를 더욱 높여줄 수 있답니다.

4. 아이가 '작품 해설자' 되어 보기

아이를 '작품 해설자'로 만들어보는 것도 좋은 방법이에요. "이 작품은 어떻게 생겼어?", "왜 여기 놓여 있을까?" 등을 물으며 아이가 스스로 가상 해설을 해보도록 유도해 보세요. 아이는 자신의 말을 통해 예술 작품을 재해석하게 되고, 부모는 아이의 상상 세계를 알 수 있게 됩니다. 이는 아이가 주도적으로 예술과 자연을 연결 지어 생각하는 훌륭한 놀이이자 학습 기회가 된답니다.

________ 의 미술관 노트

*직접 작성해 보세요.

✦ 오늘의 전시 정보

- 전시 제목:
- 미술관 이름:
- 방문 날짜:
- 함께 간 사람:

✦ 방문 전 기대 미술관에 가기 전 어떤 생각이었는지 그림이나 글로 표현해 보세요.

✦ 첫인상 처음 미술관에 가서 본 첫 작품, 또는 주변 환경에 대한 첫인상을 그림이나 글로 표현해 보세요.

✦ 전시를 보고 느낀 점

- 가장 마음에 들었던 작품은 무엇인가요?
  작품 제목이나 특징을 적어보세요.

- 그 작품이 왜 좋았나요?
  색깔, 모양, 주제 등 이유를 자유롭게 적어보세요.

✦ 전시에서 새롭게 알게 된 점 전시를 통해 새롭게 배운 내용이나 흥미로웠던 점을 적어보세요.

✦ 나만의 상상과 이야기 전시를 보고 떠오른 상상이나 이야기를 적어보세요.

✦ 나만의 상상과 이야기 전시를 보고 떠오른 상상이나 이야기를 적어보세요.

"오늘 본 작품들은 ______________________ 같은 느낌이었어요."

"전시장을 걸어다니는 동안 ______________________ 생각이 들었어요."

"작품들이 나에게 ______________________ 하고 이야기해 주는 것 같았어요."

"전시의 색깔은 ______________________ 같았어요."

"전시를 보고 마음이 ______________________ 했어요."

✦ 전시에서 기억에 남는 장면을 그려보세요. 색연필로 자유롭게 꾸며도 좋아요.

참여형 작품으로 즐기는 특별한 예술 체험

뮤지엄그라운드

01

01 뮤지엄 그라운드 전경(제공: 뮤지엄그라운드)
02 홍원표 작가의 관객 참여형 작품 앞에서
03 키즈 도슨트 프로그램 중

경기도 용인의 한적한 곳에 위치한 뮤지엄그라운드. 이곳은 아이와 방문할 때마다 여유롭고 알차게 전시를 보고 돌아올 수 있는 미술관이라 꼭 소개하고 싶었어요.

아이와 뮤지엄그라운드를 방문했던 날은 재미있는 참여형 설치미술이 많았어요. 그래서 그런지 사진에서도 보이지만 아이가 정말 즐거워했지요. 키즈 도슨트 프로그램이 있어서 처음 보는 친구들과 함께 작품에 대한 설명도 듣고, 엄마와 작품 속으로 들어가 만지고 그리며 신나게 상상을 펼쳤답니다.

참여형 전시, 즉 체험형 전시는 관람객이 작품과 상호작용하며 작품의 일부로 참여하는 경험을 제공해요. 좀 더 구체적으로는 대형 블록이나 천 조각을 이용해서 자유롭게 공간을 꾸미는 전시, 자연 속에서 자연물을 모아 작품을 만들거나 모래 위에 그림을 그리는 전시, 전시 공간에 미술 재료들을 배치하고 관람객이 직접 그리거나 조각하는 전시, 관람

04 도슨트와 함께하는 정광영 작가 작품 관람 **05** 신아철 작가의 작품 앞에서
06 낭만놀이 전의 도슨트 프로그램 **07** 뮤지엄그라운드 내부 체험시설
08 최성임 작가의 관객 참여형 작품

객이 퍼포먼스의 일부가 되는 전시, 직접 손으로 만지고 조작할 수 있는 조형물과 설치물을 활용하는 전시를 모두 참여형 전시라고 해요. 이런 체험형 전시는 시각 이외에도 전반적인 감각을 자극하기 때문에 아이들의 흥미를 끌어올리기에 아주 좋아요. 자연스러운 참여를 유도하다 보니 더욱 쉽고 재미있게 즐길 수 있죠. 작품과 개인을 연결시켜 주기도 해서 미술 작품이 나와 별개의 전시품이 아니라는 생각도 하게 해주지요.

그런데 체험형 전시에 갔을 때는 주의해야 할 점이 있어요. 아이들에게는 체험형 전시가 상상력과 창의력을 마음껏 펼칠 수 있는 즐거운 기회이지만 작은 실수나 오해로 작품이나 다른 관람자들에게 영향을 줄 수도 있기 때문이지요. 모두가 함께 즐길 수 있어야 진짜 체험형 전시라는 걸 잊지 마세요.

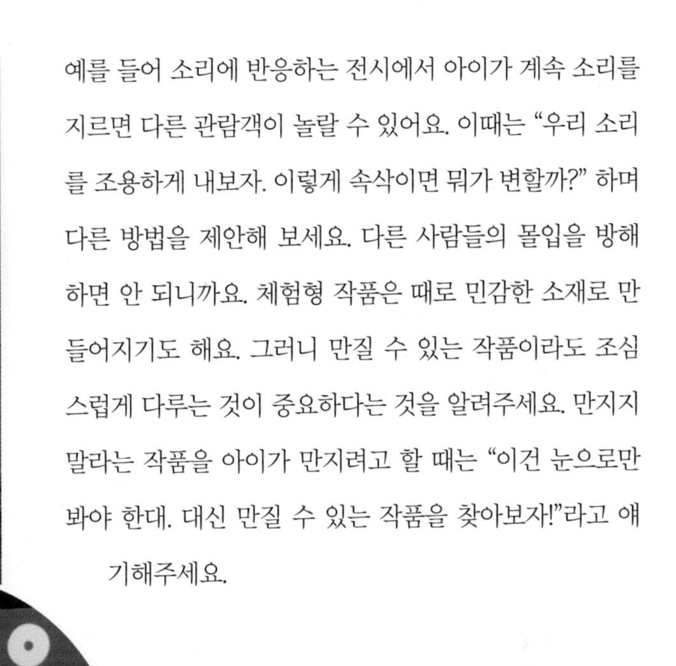

예를 들어 소리에 반응하는 전시에서 아이가 계속 소리를 지르면 다른 관람객이 놀랄 수 있어요. 이때는 "우리 소리를 조용하게 내보자. 이렇게 속삭이면 뭐가 변할까?" 하며 다른 방법을 제안해 보세요. 다른 사람들의 몰입을 방해하면 안 되니까요. 체험형 작품은 때로 민감한 소재로 만들어지기도 해요. 그러니 만질 수 있는 작품이라도 조심스럽게 다루는 것이 중요하다는 것을 알려주세요. 만지지 말라는 작품을 아이가 만지려고 할 때는 "이건 눈으로만 봐야 한대. 대신 만질 수 있는 작품을 찾아보자!"라고 얘기해주세요.

06

07

08

체험형 전시는 아이와 함께 예술을 더 깊이 느끼고 즐길 수 있는 특별한 기회예요. 아이의 호기심과 행동을 자연스럽게 이끌면서도 작품과 공간을 존중하는 태도를 보여준다면 엄마와 아이 모두에게 아름다운 추억으로 남을 거예요. 미술관에서의 작은 교육이 아이의 경험을 더 풍부하게 만들 수 있답니다.

09 뮤지엄그라운드 카페

뮤지엄그라운드는 실내뿐 아니라 실외 공간 그리고 카페 공간까지도 엄마와 아이 모두가 편안하게 둘러볼 수 있도록 되어 있어요. 큰 규모의 미술관이 아니어서 어린아이와도 부담 없이 예술을 즐길 수 있는 곳이에요. 재미있는 전시 기획이 많으니 아이와 한번 꼭 가서 멋진 추억들을 쌓고 오셨으면 좋겠습니다.

미대엄마가 먼저 가 보았어요.

- 특별 기획전은 휴관일이 다를 수 있으니 방문 전 홈페이지에서 공지를 꼭 확인해 주세요.
- 24개월 미만 어린이는 무료로 입장할 수 있어요.(증빙 서류 지참)
- 주차 공간이 비교적 넉넉해서 편리하게 이용할 수 있답니다.
- 멀티 교육실에서는 흥미로운 유료 체험 프로그램이 다양하게 운영돼요. 체험 클래스가 없는 시간에는 자유롭게 관람하실 수 있어요.
- 미술관 안에 카페가 있어서 아이와 함께 여유 있게 쉬면서 관람하기에 좋아요.

주소 경기 용인시 수지구 샘말로 122
관람시간 수~일 10:00~18:00(입장 마감 17:00) / 신정 및 구정 연휴, 추석 연휴, 크리스마스는 휴관

이용요금 성인 일반(만 19세 이상) 5,000원 / 청소년 및 어린이(24개월 이상) 4,000원
전화번호 031-265-8200
웹사이트 https://museumground.org

※ 일부 사진과 내용은 미술관 현장 프로그램 변동 시 달라질 수 있어요.

[아이와 함께 참여형 전시를 관람할 때 유용한 팁]

1. 전시 전에 작품과 규칙 간단히 설명하기

아이가 작품과 전시의 성격을 이해하면 더 집중하며 참여할 수 있어요.

"이 전시는 우리가 직접 만지거나 움직여야 완성된대. 하지만 너무 세게 하면 작품이 다칠 수 있으니까 조심해서 만지자."

2. 아이의 흥미를 이끌어낼 질문 던지기

전시를 보는 동안 아이가 호기심을 느낄 수 있는 질문을 해보세요.

"이 조각들이 어떻게 움직일까?", "우리가 이 색깔을 섞으면 어떤 일이 생길 것 같아?"

3. 작품을 다루는 방법 알려주기

만져도 되는 작품이더라도 조심스럽게 다루는 태도를 미리 알려주세요.

"이 작품은 만질 수 있지만 아주 살살 만져야 해. 작품이 너의 손을 느낄 수 있도록 천천히 만져볼까?"

4. 작품의 변화나 반응에 집중하도록 유도하기

참여형 전시에서는 작품이 어떻게 반응하는지를 아이가 관찰할 수 있도록 도와주세요.

"우리가 더 빨리 움직이면 색깔도 더 빨리 바뀌는 것 같아! 더 천천히 움직이면 어떻게 될까?"

5. 안전과 기본 예절 강조하기

전시장에서의 안전과 기본 예절을 재미있는 방식으로 알려주세요.

"우리가 작품과 놀 때 다치지 않으려면 천천히 움직여야 해. 이건 미술관에서 하는 놀이 규칙이야!"

________ 의 미술관 노트

*직접 작성해 보세요.

✦ 오늘의 전시 정보

- 전시 제목:
- 미술관 이름:
- 방문 날짜:
- 함께 간 사람:

✦ 방문 전 기대 미술관에 가기 전 어떤 생각이었는지 그림이나 글로 표현해 보세요.

✦ 첫인상 처음 미술관에 가서 본 첫 작품, 또는 주변 환경에 대한 첫인상을 그림이나 글로 표현해 보세요.

✦ 전시를 보고 느낀 점

- 가장 마음에 들었던 작품은 무엇인가요?

  작품 제목이나 특징을 적어보세요.

- 그 작품이 왜 좋았나요?

  색깔, 모양, 주제 등 이유를 자유롭게 적어보세요.

✦ 전시에서 새롭게 알게 된 점 전시를 통해 새롭게 배운 내용이나 흥미로웠던 점을 적어보세요.

✦ 나만의 상상과 이야기 전시를 보고 떠오른 상상이나 이야기를 적어보세요.

✦ 나만의 상상과 이야기 전시를 보고 떠오른 상상이나 이야기를 적어보세요.

"오늘 본 작품들은 ______________________ 같은 느낌이었어요."

"전시장을 걸어다니는 동안 ______________________ 생각이 들었어요."

"작품들이 나에게 ______________________ 하고 이야기해 주는 것 같았어요."

"전시의 색깔은 ______________________ 같았어요."

"전시를 보고 마음이 ______________________ 했어요."

✦ 전시에서 기억에 남는 장면을 그려보세요. 색연필로 자유롭게 꾸며도 좋아요.

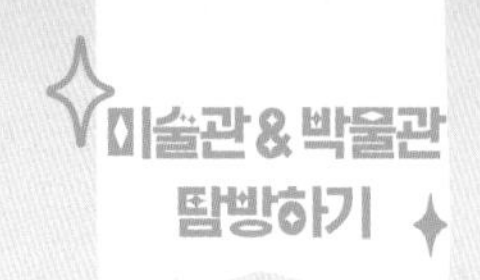

도자기와 미술이 만나는 시간

경기도자미술관

01

경기도자미술관을 처음 찾았을 때 "도자미술관이 과연 아이에게 어떻게 느껴질까? 어렵지는 않을까?" 하는 걱정을 했습니다. 하지만 미술관 입구에 도착해 탁 트인 잔디밭을 보는 순간 걱정은 사라졌어요. 넓은 전시 공간 곳곳에 다양한 체험 요소가 가득했고, 정적일 것만 같던 도자기도 화려한 색감과 기발한 형태로 재탄생해 있었습니다. 아이는 커다란 조각과 설치물을 마주하자마자 "우와, 이건 무슨 모양이야?" 하며 쉴 새 없이 움직이고, 체험 프로그램이 마련된 공간에서는 신나게 흙을 만지며 도자 예술에 흠뻑 빠져들었어요.

가장 인상적이었던 건 체험실에서 만난 선생님들이었습니다. 아이가 낯설어하거나 어려워할 때마다 옆에서 차근차근 설명해 주며 직접 손으로 흙을 빚어보도록 이끌어주셨지요. 덕분에 아이는 단 1분도 지루해할 틈이 없었어요. "이걸 구우면 어떻게 될까?", "어떤 색을 칠해볼까?" 하는 질문 속에서 스스로 창의력을 발휘하고, 완성품을 상상하며 뿌듯해하는 모습이 참 보기 좋았습니다.

01 경기도자미술관 전경 **02** 넓은 잔디밭
03 도자기를 활용해 만든 외부 계단

야외 공간에는 자연과 어우러진 다양한 도자 조각 작품이 있었어요. 전통적인 형태는 물론 현대적으로 재해석된 작품까지 모양이나 색감이 무척 독특해서 아이도 저도 정말 재미있게 보고 즐겼답니다. 아이는 한 작품 한 작품 앞을 뛰어다니며 "이건 토끼 같아!", "이 색 너무 예뻐!" 하고 감탄을 이어갔습니다. 저 역시 도자 예술이 이렇게나 무궁무진한 형태를 가질 수 있다는 사실에 새삼 놀랐어요.

아이 입장에서는 도자 예술을 어렵게 느끼지 않고, 오히려 '몸으로 배우는 예술'로 받아들이게 되었죠. 손끝으로 흙을 빚고, 눈으로 형태를 살피며, 전통 건물과 자연 속에서 다양한 감각을 깨우고 많은 걸 배우고 느꼈답니다. 도자 예술을 직접 체험하면서 아이가 얻는 긍정적인 효과는 여러 가지가 있어요. 우선 흙을 빚고 형태를 만들어가는 과정 자체가 창의력과 표현력을 자극합니다. 아이는 도자기에 색을 입힐 때마다 머릿속

04 체험형 전시 공간 **05** 미술 체험 공간
06 경기도자미술관 자연물들
07 도자기로 꾸며놓은 굴다리 공간
08 야외의 도자기 작품과 함께

에서 새로운 이야기를 떠올리고, 자기만의 생각을 담아내기 위해 자연스럽게 상상력을 발휘하게 돼요. 그렇게 만들어진 작품은 아이로 하여금 내가 직접 만들었다는 자부심을 느끼게 해주어 오랫동안 마음속에 남는 성취감으로 이어져요.

또한 다양한 색감과 질감, 형태를 만지고 눈으로 관찰하면서 예술적 감수성이 발달합니다. 평소에는 지나치기 쉬운 미묘한 색상 변화나 흙 특유의 촉감을 몸으로 느끼는 가운데 시각과 촉각이 활발하게 작동해요. "이렇게 만지면 어떻게 달라질까?"라는 호기심이 무한대로 커지면서 아이는 예술 작품을 감상하는 눈을 점차 넓혀갑니다.

도자기를 만들 때는 "어떤 모양을 만들까?", "물레를 어느 정도 속도로 돌려야 할까?"처럼 스스로 결정해야 할 부분이 많습니다. 이 과정을 통해 아이는 자연스럽게 문제를 해결하고 계획을 세우며 실패를 거쳐 발전해 나가는 경험을 해요. 이렇게 자기 주도적인 태도를 형성하고 새로운 시도에 대한 두려움이 줄어들면서 자신감을 얻게 되죠.

도자 예술이 그저 예쁜 물건을 만드는 활동이 아니라 우리 전통과 역사를 품고 있다는 사실을 알아간다는 점에서도 의미가 큽니다. 흙을 구워내는 과정에서 전해 내려온 기술과 한국 고유의 미학을 배우면서 아이들은 우리 문화에 대한 애정과 자부심을 길러나갑니다. 그것이 밥그릇이든 컵이든 일상에서 도자기의 쓰임새를 직접 느끼며 자연스럽게 한국 전통 예술과 한층 가까워지는 거죠.

무엇보다 미술관 주변의 자연환경과 야외 조각품을 함께 관람하다 보면 몸과 마음이 편안해지고 스트레스에서 벗어나는 느낌을 받게 됩니다. 탁 트인 야외를 거닐고 싱그러운 바람을 맞으면서 오감이 깨어나는 경험을 통해 아이뿐 아니라 부모도 일상의 답답함을

09 외부 설치 작품 **10** 어린이 수업 작품들
11 어린이 클래스가 진행되는 모습 **12** 어린이 클래스 교실

09

훌훌 털어낼 수 있지요. 이렇게 몸으로 뛰고, 보고, 만지며 예술을 체험하는 모든 순간이 가족 모두에게 잊지 못할 추억으로 남으리라 믿어요.

10

체험 프로그램 비용도 비교적 합리적이라 다음에 또 오고 싶다는 마음이 절로 들었습니다. 도자기를 전시해 놓은 공간은 많지만 이렇게 놀이와 교육, 자연, 예술이 모두 합쳐진 곳은 흔치 않죠. 무엇보다 아이가 "다음엔 다른 색으로 만들어보고 싶어!"라며 벌써부터 재방문을 기대하고 있는 모습이 이 미술관이 얼마나 매력적인지를 말해주었습니다.

11

도자 예술은 알면 알수록 그 깊이를 가늠하기 어려울 정도로 다양한 형태를 지니고 있었습니다. 전통과 현대가 조화를 이루고, 자연과 사람의 손길이 더해져 생겨난 하나하나의 작품을 감상하는 시간은 아이에게도 저에게도 큰 깨달음을 안겨주었습니다.

12

도자기에 담긴 예술적·문화적 가치를 온몸으로 체험하고 싶다면 경기도자미술관에 꼭 한 번 방문해 보시길 권해 드려요. 아이들은 지루할 틈 없이 새로운 자극을 받으며 즐겁게 예술을 즐길 수 있고, 부모 역시 마음을 내려놓고 자연스럽게 한국 문화의 아름다움을 접할 수 있으니까요. 단 한 번의 방문만으로도 "우리 아이가 도자기와 이렇게 잘 맞는구나!" 하고 놀라실 겁니다. 그렇게 흙을 빚고, 색을 칠하고, 자연 안에서 여유를 누리는 동안 아이와의 대화는 풍성해지고 우리 안에 잠재된 예술 감수성은 촉촉이 깨어나 있을 거예요.

13 어린이를 위한 놀이미술 공간
14 토락교실 외부 전경

미대엄마가 먼저 가보았어요.

- '토락교실 도자 체험 프로그램'은 아이와 함께하기 정말 좋아요!
- 미술관 규모가 큰 편이니 내부에 있는 카페, 뮤지엄샵도 놓치지 말고 둘러보세요.
- 경기도자미술관(이천 설봉공원), 경기도자박물관(광주 곤지암도자공원), 경기생활도자미술관(여주 도자세상) 각각 위치가 다르니 이동 시 미리 지도를 확인하고 계획을 세우는 게 좋아요.
- 홈페이지에서 실시간 전시 정보와 체험 프로그램 내용을 꼭 체크하고 방문하세요.
- 주말이나 공휴일에는 도자기 체험 프로그램이 특히 인기가 많으니 사전 예약을 하는 게 좋습니다.
- 프로그램마다 연령이나 참여 인원에 제한이 있을 수 있으니 미리 확인해 주세요.
- 도자기나 물레 체험 시 옷이 더러워질 수 있으니 편한 복장과 앞치마를 준비하는 걸 추천합니다.
- 이천, 광주, 여주 지역별로 온천, 맛집, 박물관 등 관광 요소도 많아서 하루 여행 코스로 즐기기 좋아요. 여유롭게 둘러보며 여행을 즐겨 보세요.

주소 경기 이천시 경충대로2697번길 263
관람시간 화~일 10:00~18:00(17:00 입장 마감) / 월요일 휴무
이용요금 일반 3,000원 / 학생·군경 2,000원 / 만 7세 미만 & 만 65세 이상 무료
전화번호 031-645-0730
웹사이트 https://www.gmocca.org

※ 일부 사진과 내용은 미술관 현장 프로그램 변동 시 달라질 수 있어요.

[아이들을 위한 도예와 미술: 흙으로 시작하는 5가지 즐거운 팁]

소소한 방법을 통해 도예와 미술을 연결할 수 있어요. 흥미는 '작지만 구체적인 체험'에서 시작됩니다. 간단한 작업 또는 관찰에서 출발해 흙의 성질과 불의 역할 등을 배우면서 아이들은 도예가 얼마나 흥미롭고 실용적인 예술인지를 알게 됩니다.

1. 찰흙(클레이) 만지며 시작하기

도예는 '흙'을 주재료로 쓰는 예술이라는 점부터 알려주세요. 집에서 쉽게 구할 수 있는 찰흙이나 점토, 혹은 에어드라이 클레이 등을 사용해 간단한 놀이를 하면 '도예'에 대한 첫인상을 훨씬 친숙하게 만들 수 있어요.

2. 쓰임새(기능)와 아름다움(미적 요소) 함께 살펴보기

도예 작품이 '감상'의 대상일 수도 있지만 컵·그릇처럼 생활 속에서 직접 쓰일 수도 있다는 점을 알려주면 아이들이 더 흥미를 갖습니다. 내가 만든 컵으로 물을 마실 수 있다는 사실만으로도 아이는 큰 성취감과 재미를 느낀답니다.

3. 그림 그리기와 비교해 보기

미술이라고 하면 흔히 '그림 그리기'만 떠올리기 쉬운데 도예도 '형태를 만드는 그림'과 같은 또 다른 표현 수단이라고 설명해 보세요. 평면에서 색과 선을 쓰듯 도예는 입체로 형태와 볼륨을 표현하는 예술이라는 점을 알려주면 좋습니다.

4. 가마와 불(가열 과정)의 중요성 알려주기

도자기와 일반 점토 공예(굳히기)의 가장 큰 차이 중 하나가 '가마(소성 과정)'의 여부에 있어요. 아이들에게는 어려운 개념일 수 있지만 '흙을 뜨거운 불로 구워야 단단해진다'는 점을 알려주면 도자기의 탄생 과정을 재미있는 과학 이야기로도 연결할 수 있습니다.

5. 생활 속 도자기 찾기 놀이

주변 주방이나 식탁에서 사용되는 접시, 밥그릇, 머그잔 등을 찾아보며 "이건 어떤 색깔이야?", "무슨 무늬가 있어?"라고 질문해 보세요. 생활 속 도자기를 관찰하다 보면 아이가 자연스럽게 도예에 대한 흥미와 관심을 기를 수 있어요.

________의 미술관 노트

*직접 작성해 보세요.

✦ 오늘의 전시 정보

- 전시 제목:
- 미술관 이름:
- 방문 날짜:
- 함께 간 사람:

✦ 방문 전 기대 미술관에 가기 전 어떤 생각이었는지 그림이나 글로 표현해 보세요.

✦ 첫인상 처음 미술관에 가서 본 첫 작품, 또는 주변 환경에 대한 첫인상을 그림이나 글로 표현해 보세요.

✦ 전시를 보고 느낀 점

- **가장 마음에 들었던 작품은 무엇인가요?**
  작품 제목이나 특징을 적어보세요.

- **그 작품이 왜 좋았나요?**
  색깔, 모양, 주제 등 이유를 자유롭게 적어보세요.

✦ 전시에서 새롭게 알게 된 점 전시를 통해 새롭게 배운 내용이나 흥미로웠던 점을 적어보세요.

✦ 나만의 상상과 이야기 전시를 보고 떠오른 상상이나 이야기를 적어보세요.

✦ 나만의 상상과 이야기 전시를 보고 떠오른 상상이나 이야기를 적어보세요.

"오늘 본 작품들은 ____________________ 같은 느낌이었어요."

"전시장을 걸어다니는 동안 ____________________ 생각이 들었어요."

"작품들이 나에게 ____________________ 하고 이야기해 주는 것 같았어요."

"전시의 색깔은 ____________________ 같았어요."

"전시를 보고 마음이 ____________________ 했어요."

✦ 전시에서 기억에 남는 장면을 그려보세요. 색연필로 자유롭게 꾸며도 좋아요.

놀이로 신나게 즐기는 미술 탐험

어린이미술관자란다

파주에 있는 어린이미술관자란다를 처음 찾았을 때 저는 솔직히 “이곳이 정말 미술관일까?” 하는 의문이 들었습니다. 입구에 들어서자마자 보이는 건 그림이나 조각보다도 훨씬 활기찬 ‘놀이 시설’이었으니까요. 아이들은 이리저리 뛰어다니고, 자유롭게 구조물에 올라가 보기도 하면서 마치 놀이터에 온 듯한 표정이었습니다. 그런데 가만히 살펴보니 그렇게 신나게 뛰며 노는 사이사이마다 예술의 언어가 스며들어 있더라고요.

어린이미술관자란다는 놀이와 예술을 하나로 이어주는 특별한 공간이랍니다. 예를 들어 평소 미술도구를 잘 잡지 않던 아이도 이곳의 설치미술 앞에서는 “나도 이렇게 칠해보고 싶어!” 하며 미술과의 경계를 허물 수 있지요. 미술을 두려워하거나 주저하는 대신 몸으로 뛰어놀다가 순간 “저 색깔이 왜 저렇게 생겼지?” 하는 호기심을 스스로 발견해 가는 것이죠. 저는 이런 광경이야말로 놀이 속에서 확장되는 예술적 창의력이 실현되는 순간이라고 생각합니다.

02

03

01 미술관 입구
02 어린이 클래스
03 내부 놀이 공간

아이들은 체험형 미술관을 활보하며 자신의 감각과 정서를 가감 없이 드러내요. 그 감정이 바로 '예술 표현'이 되지요. 제 아이는 놀이 시설에서 뛰어놀다가 "저기 있는 모양이 마치 나랑 숨바꼭질하는 친구 같아."라며 상상의 나래를 펼쳤어요. 이때 흐르는 감정과 이야기는 교실 책상 앞에서 설명을 들을 때와는 완전히 달랐답니다. 온몸으로 느끼고 공감한 걸 토대로 아이가 그림을 그리든 조형물을 만들든 정서적 발달과 예술적 감수성이 자연스레 한데 어우러지는 것을 볼 수 있죠.

또 하나 흥미로웠던 건 시간이 지나도 아이가 지루해하지 않고 학습 동기와 몰입도를 계속 유지한다는 점이었어요. 전통적인 전시실에서는 아이가 10분 정도 보고 나면 "이제 나갈래." 하곤 하잖아요. 그런데 이곳에서는 달라요. 특정 조형물을 이리저리 둘러보며 "어떻게 만들어졌지?", "왜 이렇게 울퉁불퉁해?" 하는 궁금증을 풀려고 애쓰는 모습을 보면서 '가르치지 않아도 스스로 배우는 힘이 이렇게나 강하구나.' 하는 걸 새삼 깨달았습니다.

04 자연 체험 공간으로 올라가는 길
05 외부 놀이터
06 곳곳의 재미있는 놀이 공간들
07 산과 연결된 놀이 시설

자율성과 자신감을 높일 기회도 함께 주어집니다. 보통 미술관에선 "조용히 해!", "만지면 안 돼!"라는 제약이 많지만 이곳에선 작품과 놀 수 있게 권장하니 아이들은 자기가 원하는 대로 움직이며 주도적인 선택을 합니다. 그 과정에서 작품을 살피고 감각하는 범위가 훨씬 넓어지고 "내가 해봐도 되겠구나."라는 성공 경험을 쌓게 되는 거죠.

무엇보다도 부모와 아이가 함께 예술적 경험을 만들어간다는 점에서 부모-자녀 관계가 한층 돈독해지는 걸 느꼈어요. 몸을 쓰는 놀이가 많으니 부모도 아이 곁에서 뛰거나 구조물 위에 올라가 보게 돼요. 그러면서 자연스럽게 "어, 이건 엄마도 무서운데?", "난 이런 색이 좋은데!" 하며 서로 솔직한 감정을 나눌 수 있죠. 아이 입장에서는 '엄마(아빠)가 나처럼 이 공간을 즐기는구나' 하게 되고, 부모는 아이의 새로운 면을 발견할 좋은 기회가 됩니다.

놀이형 미술관에 오는 아이들은 "미술관이 이렇게 재미있는 줄 몰랐어!"라고 말하곤 합니다. 제가 이곳 '자란다'에서 느낀 가장 큰 가치이기도 해요. 미술관은 '조용히 작품을 봐야 하는 곳'이라고 생각하던 아이가 '예술을 일상 속 놀이'처럼 몸으로 느끼고 깨닫게 된 거니까요. 이 작은 깨달음이 아이가 앞으로도 예술을 멀리하지 않고 자기 삶에 끌어오는 발판이 될 거라고 믿습니다. 몸을 움직이고 상상하며 예술을 친구처럼 곁에 두는 습관, 이것이 바로 예술과 일상의 경계를 허무는 첫걸음이니까요.

어린이미술관자란다는 놀면서 스스로 예술적 감각을 배우고 확장해 나갈 수 있는 교육의 현장이었습니다. 미술이 어렵게만 느껴져 망설이고 있는 부모라면 이곳에서 몸과 마음이 자유로워지는 경험을 해보길 권합니다. 뛰고 만지고 상상하다 보면 어느새 아이와 함께 예술 안에 훌쩍 들어가 있을 테니까요.

미대엄마가 먼저 가보았어요.

- 주말에는 어린이 체험 시설에 사람이 많을 수 있으니 미리 예약하거나 비교적 한산한 시간대를 골라 방문하면 편안하게 즐길 수 있어요.
- 아이들이 놀이와 체험을 하다 보면 옷이 더러워질 수 있으니 편안한 복장과 여벌 옷, 그리고 물과 간식 등을 챙겨 가시면 좋답니다.
- 시설 운영 상황(리뉴얼, 휴관 등)은 방문 전 홈페이지나 전화로 미리 확인하고 가는 걸 추천합니다.
- 야외 놀이 공간이 넓고 잘 되어 있어서 친구들과 함께 방문하면 더욱 즐거운 시간을 보낼 수 있어요.

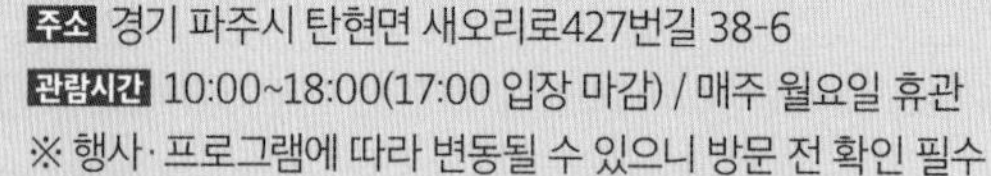

주소 경기 파주시 탄현면 새오리로427번길 38-6
관람시간 10:00~18:00(17:00 입장 마감) / 매주 월요일 휴관
※ 행사·프로그램에 따라 변동될 수 있으니 방문 전 확인 필수
이용요금 어린이 20,000원 내외 / 성인 8,000원 내외
※ 체험 프로그램, 특별전 등에 따라 별도 요금 발생 가능
전화번호 031-949-6772
웹사이트 http://www.zarandamuse.com

※ 일부 사진과 내용은 미술관 현장 프로그램 변동 시 달라질 수 있어요.

[놀이 공간이 큰 미술관에서는 꼭!]

놀이 공간이 큰 미술관에서는 아이가 몸을 마음껏 움직이며 오감으로 예술을 체험할 수 있어요. 하지만 그만큼 체력 조절, 안전, 작품 보호 등 신경 써야 할 부분이 있으니 다음의 팁들을 참고해서 더욱 즐겁고 알찬 시간을 보내시기 바랍니다.

1. 간식거리와 물, 휴식은 필수

미술관이라 해도 넓은 놀이·체험 공간이 있으면 활동량이 높아져 아이가 금세 지칠 수 있어요. 적절한 휴식을 통해 체력을 보충하고 아이 컨디션을 살펴주세요. 미술관마다 음식 섭취가 가능한 구역이 있으니 안내판이나 직원에게 확인해 보세요.

2. 안전과 작품 보호, 두 마리 토끼 잡기

놀이형 미술관에서는 작품 훼손 및 안전사고가 예방을 위해 '조심조심' 규칙을 알려주세요. "너무 달리면 넘어질 수 있어.", "작품은 눈으로 보는 거야."처럼 미리 이야기해 두면 아이도 자연스럽게 주의하게 됩니다.

3. 편안한 복장 · 신발, 여분 옷 준비하기

놀이 요소가 많은 곳에서는 움직임이 많다 보니 아이가 땀을 흘리거나 옷이 더러워질 수 있어요. 물감·점토·재료 등이 묻을 수 있는 체험 프로그램도 있으니 오염에 부담 없는 옷과 편한 운동화를 권장해요. 계절에 따라 여벌 옷이나 양말, 간단한 방수 앞치마 정도를 챙겨 가면 도움이 될 거예요.

4. 프로그램 사전 확인과 예약하기

일부 놀이형 미술관은 정원 제한 프로그램을 운영하거나 주말·공휴일 예약이 필수입니다. 미술관 공식 홈페이지나 전화로 현재 진행 중인 체험·전시 운영 시간을 미리 살펴보면 시행착오를 줄일 수 있습니다.

________ 의 미술관 노트

*직접 작성해 보세요.

✦ 오늘의 전시 정보

- 전시 제목:
- 미술관 이름:
- 방문 날짜:
- 함께 간 사람:

✦ 방문 전 기대 미술관에 가기 전 어떤 생각이었는지 그림이나 글로 표현해 보세요.

✦ 첫인상 처음 미술관에 가서 본 첫 작품, 또는 주변 환경에 대한 첫인상을 그림이나 글로 표현해 보세요.

✦ 전시를 보고 느낀 점

- **가장 마음에 들었던 작품은 무엇인가요?**
  작품 제목이나 특징을 적어보세요.

- **그 작품이 왜 좋았나요?**
  색깔, 모양, 주제 등 이유를 자유롭게 적어보세요.

✦ 전시에서 새롭게 알게 된 점 전시를 통해 새롭게 배운 내용이나 흥미로웠던 점을 적어보세요.

✦ 나만의 상상과 이야기 전시를 보고 떠오른 상상이나 이야기를 적어보세요.

✦ 나만의 상상과 이야기 전시를 보고 떠오른 상상이나 이야기를 적어보세요.

"오늘 본 작품들은 ________________________ 같은 느낌이었어요."

"전시장을 걸어다니는 동안 ________________________ 생각이 들었어요."

"작품들이 나에게 ________________________ 하고 이야기해 주는 것 같았어요."

"전시의 색깔은 ________________________ 같았어요."

"전시를 보고 마음이 ________________________ 했어요."

✦ 전시에서 기억에 남는 장면을 그려보세요. 색연필로 자유롭게 꾸며도 좋아요.

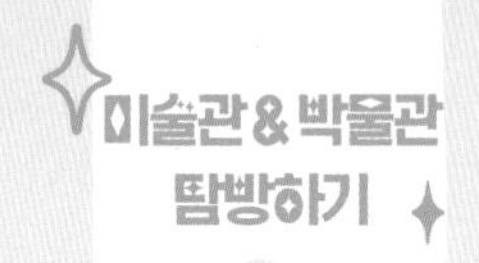

공간과 미술의 연결고리를 발견하다

아미미술관

01

아미미술관을 찾기 전 "학교를 개조한 미술관이라니, 과연 어떤 느낌일까?"라는 궁금증이 가장 먼저 들었어요. 흔히 미술관이라고 하면 하얀 벽과 조용한 분위기를 떠올리는데 이곳은 조금 달랐습니다. 널찍한 교실과 복도, 운동장이 예술 작품과 자연스레 섞여 있었고, 그래서인지 편안하고 따뜻한 느낌이 들었어요.

아이도 마치 새 놀이터를 발견한 듯 학교 건물 곳곳에 놓인 설치 작품을 정신없이 둘러보았어요. "여긴 교실이었을까?" 하고 상상해 보기도 하고, 높은 천장이나 독특한 계단 모양이 흥미로운지 폴짝폴짝 뛰어다니더군요. 아이의 호기심을 따라가다 보니 미술관 안쪽에 귀여운 카페가 나타났고, 그 앞에는 여유롭게 햇볕을 쬐는 고양이들이 있었습니다. 아이는 고양이들을 보자마자 "너무 귀여워!"라고 외치며 가까이 다가갔고, 저는 그 모습을 사진으로 찍느라 분주해졌어요. 다른 미술관과는 많이 다른 형태의 미술관이었죠. 역시 공간이 주는 힘은 대단하다는 것을 느꼈답니다.

02

03

01 수국이 핀 미술관 초입
02 작품을 보는 아이
03 미술관 내부 전시 공간

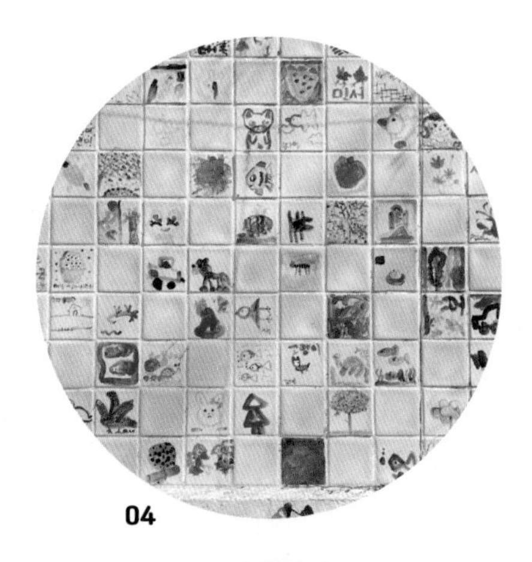

04

05

06

사람들이 많이 찾는 곳인 만큼 예쁜 사진을 남기려고 카메라와 휴대폰을 들고 작품들 앞에서 포즈를 취하는 모습이 곳곳에서 보였습니다. 예전에는 삭막했을 학교 운동장이 지금은 사진 찍기 좋은 스폿으로 가득 차 있고, 색다른 형태의 설치미술 작품이 장식된 복도마다 사람들이 줄을 이뤄 서 있었답니다. 그 앞에서 웃으며 사진을 찍는 사람들을 보고 있자니 덩달아 기분이 좋아졌어요.

생각해 보면, 이렇게 사용하지 않는 공간을 새로 꾸며 예술을 펼쳐냈다는 사실이 참 놀라워요. 폐교된 학교가 그냥 방치되었다면 아마 아무도 찾지 않고 먼지만 쌓여갔을 텐데 말이죠. 하지만 누군가의 아이디어로 이 공간에 예술 작품과 체험 프로그램, 카페까지 들어섰고 지금은 가족과 친구들이 함께 즐겁게 머무는 문화 공간이 되었습니다. 아이는 이곳에서 뛰놀며 "학교가 이렇게 바뀔 수도 있구나!" 하는 새로운 시선을 갖게 되었답니다.

04 아미미술관 외부 벽 **05** 상설전시 展 **06** "메종드 아미" 체험 프로그램 장소 **07** 카페 지베르니 내부

이곳에도 직접 참여하고 움직이는 작품들이 많았어요. 덕분에 온몸으로 작품과 교감할 수 있었고, 딱딱한 지식이 아니라 흥미로운 경험을 통해 예술적 감수성이 자라난다는 생각이 또 한번 들었습니다. 부모와 아이가 함께 와서 놀고, 사진을 찍고, 작품을 감상하는 동안 아이는 교실 복도를 뛰어다니며 자유로운 상상을 펼치고, 저는 그런 아이의 모습을 보며 '창의력이란 이렇게 자연스럽게 자라는 거구나.' 하는 생각에 뿌듯함을 느꼈답니다.

아미미술관을 나서며 버려진 공간도 예술의 손길을 만나면 이렇게 많은 사람들에게 기쁨을 줄 수 있구나 싶어 감동했습니다. 이렇듯 사용하지 않는 공간을 예술적 공간으로 바꿔 많은 이들에게 즐거운 추억을 선물한다는 점이야말로 현대미술의 멋진 점 가운데 하나가 아닐까 싶습니다. 그리고 그 과정에서 아이들은 '예술이 멀리 있는 게 아니라 내 주변에 있는 것'임을 깨닫게 되는 거죠. 앞으로도 더 많은 곳에서 이런 새로운 시도가 일어나 아이들의 발걸음과 웃음소리가 가득한 예술 공간이 늘어났으면 하는 바람입니다.

08 야외 정원처럼 가꿔놓은 야외 공간

미대엄마가 먼저 가보았어요.

- 예술 작품 전시 공간뿐 아니라 예쁜 포토존과 잘 가꿔진 정원이 있어서 산책하기도 좋아요.
- 미술관마다 진행하는 프로그램(작가와의 만남, 특별 전시, 워크숍 등)의 일정이 달라질 수 있으니 홈페이지나 SNS, 전화로 미리 확인하고 방문하면 더욱 알찬 하루가 될 거예요.
- 다양한 공간이 멋져 SNS 인증 사진 찍기 좋지만 미술관 규칙을 지켜서 작품이 손상되지 않도록 주의하며 촬영해 주세요.
- 실내 전시와 다양한 야외 공간을 여유롭게 즐기려면 최소 1~2시간 정도 머물 계획으로 방문하면 좋아요. 무료 체험에 참여하거나 사진도 찍고 카페에서 휴식을 취하면 더욱 좋겠죠?
- 야외에 잔디밭과 정원이 넓게 펼쳐져 있어서 아이들이 뛰놀기 좋아요. 날씨에 맞는 편안한 복장과 신발을 준비하세요.
- 주변에 맛집과 카페가 많으니 미술관 관람 후에 주변을 둘러보며 맛있는 음식을 즐기거나 지역 문화를 체험해 보는 것도 추천해요.
- 미술관의 '아미(ami, 친구)'라는 이름은 '친구처럼 편안하게 다가갈 수 있는 미술관'이라는 따뜻한 의미를 담고 있다고 해요.
- 현재 복합 문화 공간인 "메종드 아미"는 아트샵, 교육동의 역할을 하고 있어 전시 내용을 토대로 다양한 체험 프로그램을 운영하고 있어요.

주소 충청남도 당진시 순성면 남부로 753-4
관람시간 10:00~18:00(입장 마감 17:30) / 연중 무휴
※ 명절 당일 휴무 / 미술관 사정에 의해 변동될 수 있으니 방문 전 확인 필수
이용요금 성인 7,000원 / 24개월~고등학생 5,000원 / 경로(만 70세 이상), 장애인, 군인(병사) 및 국가유공자 5,000원
전화번호 041-353-1555
웹사이트 https://amiart.co.kr

※ 일부 사진과 내용은 미술관 현장 프로그램 변동 시 달라질 수 있어요.

[특별한 공간과 미술에 관한 이야기: 왜 학교가 미술관이 되었을까요?]

1. 비어 있던 공간 새롭게 살리기

예전에는 많은 아이들이 공부하던 학교도 학생 수가 줄어들면 문을 닫기도 해요. 그 학교를 그냥 두면 방치될 수 있죠. '이곳을 예술 공간으로 만들면 어떨까?' 하고 생각한 덕분에 폐교 건물이 다시 살아나 많은 사람이 찾아와 즐길 수 있는 새로운 장소가 되었어요.

2. 소통의 공간으로 활용

원래 학교는 동네의 중요한 모임 장소였어요. 그런 학교가 예술 공간으로 변신하면 마을 주민들도 전시회를 보러 오거나 체험 프로그램에 참여할 수 있어요. 그림이나 조각 같은 예술 작품을 함께 감상하면서 이야기 나누고, 그 시간들이 쌓여 동네가 한층 더 활기차고 정감 넘치는 곳이 되는 거예요.

3. 과거와 현재의 만남

오래된 교실, 복도, 운동장은 그 자체로 추억을 떠올리게 만듭니다. 그 공간 속에 현대 예술 작품까지 전시되면 과거와 현재가 마법처럼 어우러지는 거죠. "옛날에 여기서 공부했었지!" 하며 추억을 떠올리는 어른들도 있고, "이런 공간이 있었네." 하며 신선함을 느끼는 분들도 있답니다.

4. 다양한 공간의 활용 가능성

학교에는 넓은 운동장, 강당, 복도, 교실 등 다양한 공간이 있어요. 덕분에 커다란 조각품이나 설치미술, 미디어아트 같은 흥미로운 작품을 마음껏 선보일 수 있습니다. 작가들은 평소에 시도하기 어려운 대규모 작품을 교실에 전시하거나 운동장 한가운데 커다란 예술 조각을 설치하면서 새로운 도전을 할 수 있어요.

______ 의 미술관 노트

*직접 작성해 보세요.

✦ 오늘의 전시 정보

- 전시 제목:
- 미술관 이름:
- 방문 날짜:
- 함께 간 사람:

✦ 방문 전 기대 미술관에 가기 전 어떤 생각이었는지 그림이나 글로 표현해 보세요.

✦ 첫인상 처음 미술관에 가서 본 첫 작품, 또는 주변 환경에 대한 첫인상을 그림이나 글로 표현해 보세요.

✦ 전시를 보고 느낀 점

- 가장 마음에 들었던 작품은 무엇인가요?
  작품 제목이나 특징을 적어보세요.

- 그 작품이 왜 좋았나요?
  색깔, 모양, 주제 등 이유를 자유롭게 적어보세요.

✦ 전시에서 새롭게 알게 된 점 전시를 통해 새롭게 배운 내용이나 흥미로웠던 점을 적어보세요.

✦ 나만의 상상과 이야기 전시를 보고 떠오른 상상이나 이야기를 적어보세요.

✦ 나만의 상상과 이야기 전시를 보고 떠오른 상상이나 이야기를 적어보세요.

"오늘 본 작품들은 ______________________ 같은 느낌이었어요."

"전시장을 걸어다니는 동안 ______________________ 생각이 들었어요."

"작품들이 나에게 ______________________ 하고 이야기해 주는 것 같았어요."

"전시의 색깔은 ______________________ 같았어요."

"전시를 보고 마음이 ______________________ 했어요."

✦ 전시에서 기억에 남는 장면을 그려보세요. 색연필로 자유롭게 꾸며도 좋아요.

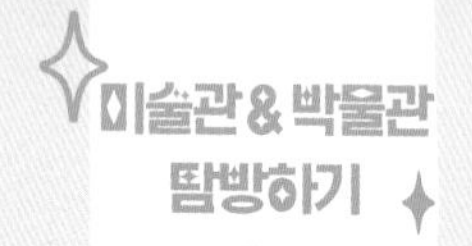

전통과 현대가 만나는 지역 문화 여행

국립전주박물관

01

01 국립전주박물관 입구
02 어린이 박물관 입구
03 어린이 박물관 로비

여행을 가면 꼭 그 지역에 있는 미술관이나 박물관을 아이와 함께 방문하곤 해요. 여행지에서 특별한 추억을 쌓고, 즐거운 배움도 함께 경험할 수 있기 때문이죠. 사실 아이 입장에선 "옛날 물건이 뭐가 재미있을까?"라고 생각할 수 있어요. 그래서 아이와 박물관에 가는 내내 흥미를 느낄 만한 질문을 하며 국립전주박물관에 도착했습니다.

전시장에 들어가 아이와 이곳저곳을 둘러보다가 방문하기 전에 이야기 나누웠던 '옛날 사람들이 쓰던 밥그릇'을 발견했어요. "이 그릇 한번 볼래?" 전시대에 놓인 조선 시대 그릇을 가리키자 아이는 눈을 반짝이며 다가와서는 "엄마, 이건 손잡이가 없어? 어떻게 잡았지?"라고 묻더군요. 그래서 "옛날에는 머그잔처럼 손잡이가 달린 그릇이 많지 않았대. 지금 우리 컵이랑 비교해 보면 뭐가 다를까?" 하고 아이의 생각을 유도했습니다. 아이는 자기 머그잔을 이야기하며 "그럼 뜨거우면 어떻게 들어?"라면서 궁금증을 대화로 이어나갔어요.

생활 도구 쪽으로 이동하니 전북 지역에서 발굴된 항아리와 농기구들이 줄지어 전시되어 있었어요. 아이는 "엄마, 이건 뭐야?" 하며 복잡한 모양에 당황하는 표정이었습니다. "옛날

04

에는 이렇게 물이나 곡식을 담아두고, 직접 나르기도 했대. 지금처럼 수도가 없으니까 이걸로 물을 퍼 왔겠지?" 하고 알려주니 아이는 "우와, 물 길러 다니려면 힘들었겠다!"라며 감탄했습니다. 곁에 있던 박물관 해설 선생님도 "이걸 가족 몇 명이 돌려가며 사용했대."라며 설명을 보태주셨고, 덕분에 우리는 조금 더 생생하게 옛날 생활을 그려볼 수 있었습니다. 이렇듯 박물관은 지루하다는 편견을 버리고 아이와 함께 상상의 세계로 들어가면 어느새 오래된 유물들에 대해 궁금해하는 모습을 보게 될 거예요.

국립전주박물관에는 어린이 박물관이 따로 있어요. 말 그대로 아이들을 위한 공간이라 훨씬 오래 머무를 수 있었답니다. 여기서는 많은 아이들이 신나게 뛰어다니고 손으로 만지며 체험하는 모습을 볼 수 있었어요. 아이들은 놀이처럼 자연스럽게 한국 전통문화 유산을 익히고 있었죠. "엄마, 여기는 놀이공원 같아!" 하고 아이가 속삭이는데, 한편으로 '역시 배움은 몸과 마음이 편해야 더 잘 이뤄지는구나.' 싶은 생각이 들어 흐뭇했습니다.

한참을 놀다 보니 어느새 시간이 꽤 흘렀고, 우리는 박물관 내 휴게 공간으로 향했어요. 음료를 마시며 "오늘 본 것 중에 뭐가 제일 좋았어?" 하고 물으니 아이는 "어린이 박물관! 거기서 막 만지고 놀 수 있어서 진짜 재미있었어."라며 눈을 반짝였습니다. 그러면서 한바탕 뛰어놀았던 기억이 떠올랐는지 "진짜 박물관이 아니라 놀이터같이 느껴졌어!"라고 했습니다. 하지만 놀면서도 자연스레 "이건 어디에서 왔대?", "옛날엔 어떻게 만들었어?" 같은 질문을 주고받았으니 그 시간이 아이에게는 제대로 된 '체험형 학습'이었겠구나 싶더군요. 집으로 돌아가는 길, 다음에 또 오자는 아이의 말에 기분이 참 좋았습니다.

이렇게 놀이와 배움이 자연스럽게 어우러지는 경험이야말로 아이의 창의력과 호기심을 길러주는 가장 좋은 방법이라고 확신해요. 국립전주박물관에 따로 마련된 어린이 박물관 공간 덕분에 아이가 지루해할 틈 없이 유물을 접하고 역사 이야기를 또 다른 놀이처럼 받아들였으니까요.

04 어린이 박물관 체험 중인 모습
05, 06 어린이 박물관 놀이 시설

국립전주박물관에서 보낸 하루는 아이와 저 모두에게 옛날과 오늘이 만나는 흥미진진한 탐험이 되었어요. 덕분에 아이와 저는 한국의 전통과 문화유산을 조금 더 가깝게 느끼게 되었고, 박물관이란 곳이 매우 재미있는 놀이 학습장이 될 수 있다는 사실도 다시금 깨달았습니다. 다음번에 박물관이나 전시 체험을 찾을 때는 '아이와 함께 즐겁게 배우고 놀 수 있는 곳인가?'를 우선 고려할 것 같아요. 국립전주박물관처럼 어린이 전용 체험 공간이 있는 곳이라면 또 한 번 사소한 것부터 거대한 옛 시대로 이어지는 상상을 펼치게 되겠죠. 엄마와의 대화를 통한 상상 속에서 아이는 세상을 조금 더 넓게 바라보고, 미래의 무대를 마음껏 뛰어다닐 수 있을 거라 믿습니다.

미대엄마가 먼저 가보았어요.

- 특정 주제나 계절에 따라 특별한 전시가 열리니 방문 전에 미리 확인하면 좋아요.
- 특별전에서는 국내 주요 박물관과의 협력 전시나 문화재청과 연계된 다양한 기획 전시를 만나볼 수 있어요.
- 대중교통을 이용할 때는 시내버스나 택시로 '국립전주박물관' 정류장 또는 근처 정류장에서 내리면 가까워요.
- 박물관 내 주차장이 넓고 무료로 운영되지만 주말이나 특별 전시 기간에는 혼잡할 수 있으니 여유 있게 도착하는 걸 추천해요.
- 박물관별로 정해진 시간에 맞춰 전시 해설(도슨트 투어)이 진행되니 시간이 맞으면 꼭 한번 참여해 보세요. 작품과 유물을 더 깊이 이해하는 데 도움이 될 거예요.
- 휴게 공간, 카페, 기념품점 그리고 유아실도 잘 되어 있어서 가족 단위로 편안하게 관람할 수 있어요.

주소 전북 전주시 완산구 쑥고개로 249 국립전주박물관
관람시간 상설전시실 10:00~18:00 / 어린이 박물관 오전 10:00~17:30
※ 명절 당일 휴무 등 사정에 의해 변동될 수 있으니 방문 전 확인 필수
이용요금 무료
전화번호 063-223-5651
웹사이트 https://jeonju.museum.go.kr

※ 일부 사진과 내용은 미술관 현장 프로그램 변동 시 달라질 수 있어요.

[전통과 현대의 만남: 전통 유물 이해하기]

옛 유물을 만나면 처음엔 조금 낯설게 느껴질 수 있어요. 그러니 아이의 눈높이에 맞춰 설명해주세요. 그러다 보면 아이는 "옛날에도 이런 귀여운 물건들이 있었네!", "그 시절 사람들은 이렇게 생활했구나!" 하며 호기심을 보일 거예요. 아이와 함께 전통문화 속으로 즐겁게 떠날 수 있는 방법을 알아볼까요?

1. 옛날이야기를 들려주는 '상상 여행'

유물을 보기 전 "여긴 언제 만들어졌을까?", "어떤 사람들이 썼을까?" 하며 가볍게 상상해 보는 거예요. 소설 속 주인공처럼 '옛날 사람'이 되어보는 간단한 이야기 놀이만으로도 아이는 흥미를 갖고 유물에 다가갑니다.

2. 현재 물건과 비교해 보기

옛날 밥그릇과 지금 쓰는 그릇을 떠올리며 무엇이 닮았고 무엇이 다른지를 찾아보세요. "이건 왜 손잡이가 없을까?", "재료가 어떻게 달라졌지?" 같은 질문을 던지면 아이 스스로 차이를 발견하고 "옛날에는 이런 재료를 썼구나!" 하며 깨닫게 됩니다.

3. 직접 그려보고, 마음에 드는 부분 메모하기

박물관이나 전시관을 돌아다니다가 아이가 "이거 예쁘다!", "신기한 모양이야!" 라고 할 때는 잠깐 멈춰서 스케치나 메모를 하게 해도 좋아요. 그림 솜씨가 없어도 괜찮아요. 손으로 그려보면서 "왜 이렇게 생긴 거지?"를 생각하게 되고, 이렇게 하면 기억에도 훨씬 오래 남는답니다.

4. "내가 옛날 사람이었다면?"을 주제로 대화하기

부모와 아이가 함께 "이걸 쓰는 옛날 사람은 어떤 불편이 있었을까?", "어떻게 개선해 보고 싶어?" 같은 질문을 주고받으면 자연스럽게 아이의 상상력이 자라납니다. 전통 유물은 '완성된 박제'가 아니라 언제든 우리가 재해석할 수 있는 '살아 있는 문화'라는 점을 전해주세요.

________의 미술관 노트

*직접 작성해 보세요.

✦ 오늘의 전시 정보

- 전시 제목:
- 미술관 이름:
- 방문 날짜:
- 함께 간 사람:

✦ 방문 전 기대 미술관에 가기 전 어떤 생각이었는지 그림이나 글로 표현해 보세요.

✦ 첫인상 처음 미술관에 가서 본 첫 작품, 또는 주변 환경에 대한 첫인상을 그림이나 글로 표현해 보세요.

✦ 전시를 보고 느낀 점

- 가장 마음에 들었던 작품은 무엇인가요?
  작품 제목이나 특징을 적어보세요.
- 그 작품이 왜 좋았나요?
  색깔, 모양, 주제 등 이유를 자유롭게 적어보세요.

✦ 전시에서 새롭게 알게 된 점 전시를 통해 새롭게 배운 내용이나 흥미로웠던 점을 적어보세요.

✦ 나만의 상상과 이야기 전시를 보고 떠오른 상상이나 이야기를 적어보세요.

✦ 나만의 상상과 이야기 전시를 보고 떠오른 상상이나 이야기를 적어보세요.

"오늘 본 작품들은 ______________________ 같은 느낌이었어요."

"전시장을 걸어다니는 동안 ______________________ 생각이 들었어요."

"작품들이 나에게 ______________________ 하고 이야기해 주는 것 같았어요."

"전시의 색깔은 ______________________ 같았어요."

"전시를 보고 마음이 ______________________ 했어요."

✦ 전시에서 기억에 남는 장면을 그려보세요. 색연필로 자유롭게 꾸며도 좋아요.

도자 예술의 깊이를 함께 탐구해요

클레이아크 김해미술관

01

클레이아크 김해미술관을 처음 찾았던 날을 떠올리면 아직도 마음이 따뜻해지는 것 같아요. 도자 타일로 꾸며진 건물 외벽을 보자마자 아이는 호기심 가득한 표정으로 "엄마, 여기 벽은 왜 이렇게 반짝거려?" 하며 즐거워했고, 저 역시 새로운 예술 세계에 대한 기대감으로 가슴이 뛰었어요.

전시실 안에서는 도자와 건축이 어우러진 다양한 작품들이 아이의 호기심을 자극했어요. "흙으로 어떻게 이런 건물을 만들 수 있어?"라는 질문이 절로 나올 만큼 단순한 건물 벽면이 아니라 마치 예술 작품처럼 느껴지더군요. 아이도 "나중에 이렇게 멋진 집을 짓고 싶다!"라며 상상력을 한껏 펼쳤습니다. 바로 그 순간, 도예와 건축이 만나는 클레이아크만의 독특한 매력이 아이의 마음속에 단단히 자리 잡은 것 같았어요.

02

03

04

01 클레이아크 김해미술관 입구
02 로비 내부
03 김해미술관 내부 천장
04 멋진 타일로 이루어진 원통형 건물 외관

05

06

07

08

아이가 가장 좋아했던 건 타일 붙이기 체험이었어요. 아이와 함께 작은 도자 타일 조각들을 붙이다 보니 평소에는 잘 몰랐던 도자 예술의 매력이 훨씬 가깝게 다가왔죠. 아이는 곳곳에 타일을 붙이면서 "이건 내가 만든 그림이야!" 하며 뿌듯해했어요. 체험을 마치고 다시 보니 서로 다른 색감의 조각들이 만들어낸 패턴은 비록 어설펐지만 한편으론 우연한 아름다움을 가지고 있었습니다.

아이는 "이 타일을 어디에 붙이면 좋을까?" 고민하면서 미적 판단과 공간 배치를 스스로 익히는 과정을 거치고 있었어요. 이렇듯 색을 고르고 모양을 구성하는 과정에서 자신만의 해답을 찾아가는 경험은 자연스럽게 창의적인 문제 해결 능력을 길러주죠. 아이가 직접 붙인 타일이 작품 일부가 되었을 땐 내가 만들었다는 애정과 "나도 무언가를 창조할 수 있구나!" 하는 성취감을 동시에 얻게 되고요. 이 과정을 통해 아이는 자기 표현력을 높일 뿐 아니라 자신감 형성에도 큰 도움을 받을 수 있어요.

05 교육을 위한 공간 **06** 건축 도자 프로그램(타일 액자)
07 전시를 즐기는 아이 **08** 야외에 있는 클레이아크 타워의 모습
09 미술관 산책로

체험을 끝내고 아이와 클레이아크 안에 있는 공간들을 걸어다녔어요. 아이와 건축물을 보며 대화를 나누다 보면 '멋진 건물'이라는 생각에서 한 걸음 더 나아가 "흙을 굽는 과정에서 얼마나 단단해질까?"라거나 "왜 이런 형태로 만들었을까?" 같은 질문을 던지게 됩니다. 재료와 건물 구조의 관계를 자연스럽게 탐색하게 되는 거지요. 이 과정에서 도자, 벽돌, 나무처럼 다양한 건축 재료의 특성과 쓰임새도 조금씩 배울 수 있어요. 그러다 보면 건축 재료가 외형을 예쁘게 꾸미는 수준을 넘어 건물을 튼튼하게 하고, 나아가 예술적인 표현이 충분히 가능하게 한다는 사실을 깨닫게 되지요. 건축이 실용성과 미적 감각 사이의 균형 위에서 만들어진다는 사실을 온몸으로 느끼게 되는 과정이니 꼭 거쳐보세요.

미술관 언덕에 올라 김해 시내를 내려다봤을 때의 뭉클함도 잊을 수 없습니다. 바람이 살랑이는 언덕에서 아이가 진지하게 "엄마, 여기 미술관 정말 예쁘다." 하고 얘기하는데, 왠지 모르게 마음이 따뜻해지더라고요. 야외 공간에서 사진을 찍고 뛰어놀며 도시락을 먹는 가족들의 모습에서는 정말 평화롭고 여유롭다는 생각이 들었어요. 즐거움과 자연스럽게 어우러질 수도 있다는 사실을 다시 깨닫는 시간이었죠.

돌아오는 길, 아이가 "다음에 크면 엄마랑 또 와서 타일 조각 붙여서 집 만들고 싶어!"라고 말하는데 괜스레 코끝이 찡해졌어요. 도자나 건축이라는 말이 어렵게 느껴졌던 저희 아이도 이곳에서 부딪히고 놀며 체험을 하다 보니 흥미가 한껏 생겨난 거죠. 미술관 언덕 위에서 내려다본 풍경과 함께 만들어낸 작은 작품들은 곧 우리의 추억이자 아이의 배움이 되었습니다.

클레이아크 김해미술관이 보여주는 건 예술이 어렵거나 특별한 사람만의 전유물이 아니라는 사실입니다. 건축과 도자를 결합한 독특한 조형물, 아이가 직접 만들고 뛰어놀 수 있는 프로그램, 그리고 언덕 위에서 즐기는 한가로운 풍경까지 이 모든 것이 한데 어우러져 아이에게 상상력과 아름다움을 배울 기회를 선물해 주었죠. 그리고 그 과정에서 부모인 저도 자연스럽게 아이의 시선에 동참하게 되었고, 우리는 함께 한층 더 넓어진 예술 세계를 경험할 수 있었습니다.

미대엄마가 먼저 가보았어요.

- 위치상 대중교통을 이용한 뒤 택시로 이동하거나 자가용을 이용하는 편이 더 편리할 거예요. 미술관 주차장은 무료지만 주말에는 방문객이 많아 혼잡할 수 있으니 시간 여유를 두고 방문해 주세요.
- 야외에는 자연을 배경으로 도자 및 조형 작품들이 전시되어 있어요. 아이들과 자유롭게 산책하며 편하게 감상하려면 편한 신발과 계절에 맞는 복장이 꼭 필요하답니다.
- 야외 공간이 꽤 넓어서 아이들이 자유롭게 뛰어놀며 작품과 친숙해질 수 있어요. 사진 찍기를 좋아하는 아이라면 작품과 자연을 배경으로 멋진 사진을 남기기에도 좋아요.
- 날씨 상황에 따라 일부 실외 시설 이용이 제한될 수 있으니 방문 전에 홈페이지에서 공지 사항을 미리 확인하면 좋아요.
- 도자기와 건축을 주제로 하는 특별 전시가 종종 열리는데요. 현대 도예가와 조형 작가들의 멋진 작품을 한 자리에서 만나볼 수 있어 아이와 함께 다채로운 미술을 감상할 수 있어요.

주소 경남 김해시 진례면 분청로 25
관람시간 화~일 10:00~18:00 / 휴관일: 매주 월요일(※ 법정 공휴일과 겹치는 월요일은 정상 운영, 그 다음날 휴관), 1월 1일, 설, 추석
이용요금 전시별 상이
전화번호 055-340-7000
웹사이트 https://clayarch.ghct.or.kr

※ 일부 사진과 내용은 미술관 현장 프로그램 변동 시 달라질 수 있어요.

[건축물을 보고 아이와 대화하는 팁]

클레이아크의 돔하우스와 큐빅하우스 같은 독특한 건축물은 아이들의 상상력을 자극해요. 이렇게 재미있는 건축물들을 보며 아이와 이야기 나누는 몇 가지 팁을 알려드릴게요. 건축물을 관찰하며 대화를 나누면 아이는 예술적 감각과 과학적 호기심을 동시에 기를 수 있습니다. 클레이아크 김해미술관에서 아이와 소중한 추억을 쌓고 학습의 기회를 갖기 바랍니다.

1. 건축물의 재료와 구조에 대해 질문하기

클레이아크 김해미술관의 돔하우스와 큐빅하우스는 흙(도자)과 철골, 유리 등이 조화를 이룬 독특한 건축물입니다.

질문 예시 "이 건물은 어떤 재료로 지어졌을까? 흙, 유리, 철 중에 뭐가 가장 많아 보이니?"
"유리 벽은 왜 이렇게 커다랗게 만들었을까? 자연광을 많이 받으려고 한 걸까?"
"흙으로 만든 벽과 유리 벽 중에 어떤 게 더 튼튼해 보이니?"

활동 제안 건물 외벽을 손으로 만져보며 재료의 질감을 비교해 보세요. "흙벽은 따뜻한 느낌이 들고, 유리는 차가워!" 이 질문을 통해 감각적 체험을 언어로 표현할 수 있어요.

2. 건축물의 형태와 디자인에 대해 이야기하기

건축물의 독특한 형태(둥근 돔, 각진 큐브)는 아이들의 상상력을 자극합니다.

질문 예시 "이 건물은 왜 동그란 모양일까? 공 모양이라서 더 튼튼할까?" "저 큐브 건물은 마치 레고 블록 같지 않아? 어떤 방에 있을 것 같니?" "창문이 왜 이렇게 삐뚤빼뚤하게 배치되어 있을까? 예술가의 의도일까?"

활동 제안 건물의 형태를 손으로 그리거나 공중에 손가락으로 따라 그려보세요. "우리 집을 동그란 모양으로 지으면 어떤 점이 좋을까? 단점은?"과 같은 질문을 하면서 창의적인 문제 해결 능력을 기를 수 있습니다.

3. 공간 활용과 기능에 대해 탐구하기

건축물은 아름다움을 넘어 공간을 효율적으로 사용하기 위해 디자인됩니다.

질문 예시 "이 넓은 홀은 어떤 행사를 할 때 사용할까? 전시회? 콘서트?" "계단이 왜 이렇게 구불구불하게 만들어졌을까? 예술적이면서도 안전하기 위해서?" "유리 천장으로 햇빛이 들어오니 전깃불을 덜 켜도 되겠다! 친환경 디자인이야?"

활동 제안 건물 내부를 걸어다니며 상상해 보세요. "이 공간을 내 방으로 만들면 어떻게 꾸밀까?" 혹은 "엄마는 이 공간에서 책을 읽고 싶어. 너는 뭐 하고 싶어?"와 같은 대화를 통해 아이는 공간의 다목적성을 이해할 수 있어요.

4. 건축물과 자연의 관계 발견하기

클레이아크 김해미술관은 주변 자연경관과 조화를 이루도록 설계되었습니다.

질문 예시 "유리 벽 너머로 보이는 나무와 하늘이 그림 같지? 건물과 자연이 하나 된 것 같아!" "연못 옆에 지은 건물은 왜 물 위에 비친 모습도 예쁠까?" "이 건물은 햇빛이 들어오는 각도를 계산해서 지었을까?"

활동 제안 건물 밖에서 안을 바라보며 상상해 볼 수 있어요. "유리 벽 덕분에 밖에서 안이 다 보이네! 그러면 밤에는 어떻게 보일까?" 또한 계절별로 건물의 모습이 어떻게 달라질지(가을에는 단풍, 겨울에는 눈으로 덮인 모습 등)도 함께 상상해 보세요.

5. 건축가의 의도 추측해 보기

아이와 함께 건축가가 왜 이런 디자인을 선택했을지 추론해 보세요.

질문 예시 "이 건물을 디자인한 사람은 어떤 생각을 했을까? '사람들이 편안하게 쉬었으면 좋겠다'고?" "도자기 미술관인데 건축물도 흙으로 만든 이유는 뭘까? 주제를 강조하려고?" "왜 일반 박물관처럼 네모반듯하지 않고 특이하게 지었을까?"

활동 제안 건물 사진을 찍고, 집에 돌아가서 그림으로 재해석해 볼 수 있어요. "너라면 이 건물을 어떤 모양으로 지을래?"라는 대화를 통해 아이가 직접 건축가가 되어 설명하도록 해보세요.

6. 건축물을 관찰하며 놀이처럼 학습하기

아이에게 게임처럼 재미있는 미션을 내려주세요.

미션 예시 '둥근 창문 3개 찾기', '유리로 된 계단 찾기', '흙벽에 새겨진 무늬 찾기'

비교 활동 미션을 완료하면 작은 보상(예: 미술관 카페에서 주스 마시기)으로 동기를 부여해 주세요. 또한 다음과 같은 질문으로 생각을 깊이 있게 유도할 수 있어요. "우리 집 창문과 이 건물의 창문은 어떤 점이 다를까?" "학교 건물과 여기 건물 중 어떤 게 더 예뻐? 왜 그렇게 생각해?"

마무리 TIP

- 아이의 대답을 존중해 주세요. "그런 생각도 가능하구나!"라며 아이의 창의적인 답변을 칭찬해 주세요.
- 모르는 질문은 함께 찾아보세요. "엄마도 정확히 모르겠어. 집에 가서 책이나 인터넷으로 찾아보자!"
- 스토리텔링으로 재미를 더하세요. "이 건물에 마법의 문이 숨겨져 있다면 그 문은 어디로 통할까?"

________ 의 미술관 노트

*직접 작성해 보세요.

✦ 오늘의 전시 정보

- 전시 제목:
- 미술관 이름:
- 방문 날짜:
- 함께 간 사람:

✦ 방문 전 기대 미술관에 가기 전 어떤 생각이었는지 그림이나 글로 표현해 보세요.

✦ 첫인상 처음 미술관에 가서 본 첫 작품, 또는 주변 환경에 대한 첫인상을 그림이나 글로 표현해 보세요.

✦ 전시를 보고 느낀 점

- 가장 마음에 들었던 작품은 무엇인가요?
  작품 제목이나 특징을 적어보세요.

- 그 작품이 왜 좋았나요?
  색깔, 모양, 주제 등 이유를 자유롭게 적어보세요.

✦ 전시에서 새롭게 알게 된 점 전시를 통해 새롭게 배운 내용이나 흥미로웠던 점을 적어보세요.

✦ 나만의 상상과 이야기 전시를 보고 떠오른 상상이나 이야기를 적어보세요.

★ **나만의 상상과 이야기** 전시를 보고 떠오른 상상이나 이야기를 적어보세요.

"오늘 본 작품들은 ______________________ 같은 느낌이었어요."

"전시장을 걸어다니는 동안 ______________________ 생각이 들었어요."

"작품들이 나에게 ______________________ 하고 이야기해 주는 것 같았어요."

"전시의 색깔은 ______________________ 같았어요."

"전시를 보고 마음이 ______________________ 했어요."

★ **전시에서 기억에 남는 장면을 그려보세요.** 색연필로 자유롭게 꾸며도 좋아요.

PART 3

전국 미술관 & 박물관 둘러보기

전국의 여러 미술관과 박물관 리스트를 정리했습니다.
아이와 함께 방문하여 더욱 즐겁고 다양한 체험을 해보세요.

- 서울 속 미술관 & 박물관
- 경기도 속 미술관 & 박물관
- 충청도 속 미술관 & 박물관
- 전라도 속 미술관 & 박물관
- 경상도 속 미술관 & 박물관
- 강원도 속 미술관 & 박물관
- 제주도 속 미술관 & 박물관
- 나의 미술관 지도 만들기
- 나의 박물관 지도 만들기

서울상상나라

서울상상나라는 아이들이 놀이를 통해 자연스럽게 배우고 꿈과 행복을 길러나갈 수 있도록 서울시가 마련한 특별한 공간이에요. '행복을 디자인하는 어린이'를 주제로 다양한 체험 전시를 준비해 놓고 있지요. 서울상상나라에서는 서로의 차이를 존중하고 배려하는 마음을 자연스럽게 배울 수 있답니다. 아이들은 서울상상나라에서 마음껏 상상하고 친구들과 소통하며 즐거운 시간을 보낼 수 있어요. 부모와 선생님들의 따뜻한 사랑 속에서 새로운 경험을 쌓고 성장할 수 있는 곳이랍니다.

연령별, 주제별로 운영되는 다양한 교육 프로그램도 마련되어 있어요. 아이들이 매번 새로운 활동을 경험하면서 하루하루 성장할 수 있도록 늘 새롭고 다채로운 프로그램을 준비하고 있죠.

이 미술관은 '건축화된 놀이터'라는 설계 개념을 바탕으로 만들어졌어요. 부모와 아이가 함께 신나게 놀면서 자연스럽게 배울 수 있는 복합 체험 공간이에요. 체험관, 교육관, 공연장, 카페, 수유실 등 다양한 시설이 마련되어 있어서 누구나 편안하고 즐거운 시간을 보낼 수 있답니다. 또한 영유아를 위한 아기 놀이터와 장애 아동도 함께 즐길 수 있는 오감 체험관 등 아이들의 성장과 발달을 돕는 체험 공간도 준비되어 있어요. 단순히 체험하고 배우는 공간이 아니라 아이들이 스스로 탐구하고 새로운 것을 발견하는 즐거움을 느낄 수 있도록 안정적이고 편안한 관람 환경이 조성되어 있답니다.

더 많은 정보를 알고 싶다면 홈페이지에서 미술관과 관련된 다양한 자료를 확인해 보세요. 초등학교 4~5학년을 대상으로 한 어린이 큐레이터 프로그램도 운영 중이니 관심 있는 친구들은 꼭 한번 살펴보세요!

주소 서울 광진구 능동로 216 서울상상나라
웹사이트 https://www.seoulchildrensmuseum.org

서울상상나라 제공

서울 속
미술관 리스트

간송미술관

간송 전형필이 설립한 우리나라 최초의 사립 미술관으로 우리 문화를 지키고 연구하며 알리고 있다.

서울 성북구 성북로 102-11
https://kansong.org/seoul/index.do

국립현대미술관 서울

전국 초등학교 학급 단체를 대상으로 하는 미술관 교육 프로그램이 운영되고 있다.

서울 종로구 삼청로 30
http://www.mmca.go.kr

꿈꾸는카멜레온어린이미술관

다양한 체험과 견학 프로그램을 제공하는 미술관으로 아이들이 즐겁게 배울 수 있는 공간이다.

서울 양천구 신월로 348, 준빌딩 4층
https://cafe.naver.com/chmuseum2022

롯데뮤지엄

2018년 1월, 롯데월드타워 7층에 개관한 미술관으로 전 세계 현대미술의 역동적인 흐름을 볼 수 있다.

서울 송파구 올림픽로 300, 롯데월드타워 7층
http://www.lottemuseum.com

경인미술관

1983년 경인 이금홍 선생이 설립한 문화 공간으로 야외 콘서트와 시연회가 열리기도 한다.

서울 종로구 인사동10길 11-4
http://www.kyunginart.co.kr

금호미술관

아이들이 특별한 방학을 보낼 수 있도록 다양한 미술 교육 프로그램을 진행한다.

서울 종로구 삼청로 18
http://www.kumhomuseum.com

대림미술관(디뮤지엄)

어린이부터 시니어까지 누구나 참여할 수 있는 다채로운 교육 및 문화 프로그램을 연중 실행한다.

서울 성동구 왕십리로 83-21
https://daelimmuseum.org

리움미술관

전통미술과 현대미술이 공존하는 융합 미술관으로 어린이를 위한 프로그램도 운영한다.

서울 용산구 이태원로55길 60-16
https://www.leeum.org/index.asp

마이아트뮤지엄

도심 속 예술이 있는 감성 공간을 지향하는 미술관으로 프라이빗 도슨트 투어가 가능하다.

서울 강남구 테헤란로 518, 섬유센터빌딩 지하 1층

http://www.myartmuseum.kr

사비나미술관

제37회 서울시 건축상을 받은 독특한 건물 디자인이 특징인 곳. 과학과 예술의 특별한 만남을 볼 수 있다.

서울 은평구 진관1로 93

http://www.savinamuseum.com

서울대학교미술관

국내 최초의 대학미술관으로 한국 현대미술의 중요한 궤적과 의미 있는 움직임을 조망해 볼 수 있다.

서울 관악구 관악로 1, 서울대학교 151동

http://www.snumoa.org

성곡미술관

사회봉사 정신을 미술 문화로 구현하는 곳으로 '성곡 내일의 작가상'을 개최하여 미래 인재를 육성하고 있다.

서울 종로구 경희궁길 42

http://www.sungkokmuseum.org

뮤지엄한미 삼청

미술, 문학, 역사, 사진 등 다양한 매체를 통해 지역 문화를 쉽게 즐기는 교육 프로그램을 운영한다.

서울 종로구 삼청로9길 45

http://museumhanmi.or.kr

상원미술관

공예 및 디자인 전문 미술관으로 영유아, 초중고, 성인 등을 위한 다양한 공예 체험 프로그램을 운영한다.

서울 종로구 평창31길 27

https://www.imageroot.co.kr

서울시립미술관 서소문본관 (서울시립남서울미술관)

한국 채색화 분야에서 독특한 화풍을 일궈온 천경자 작가의 기증 작품을 볼 수 있다.

서울 중구 덕수궁길 61

https://sema.seoul.go.kr

성북어린이미술관꿈자람

전시와 연계하는 초등 프로그램이 있으며, 미술의 조형 요소를 즐겁게 경험할 수 있다.

서울 성북구 화랑로18자길 13, 성북정보도서관 5층

https://sma.sbculture.or.kr/children

서울 속 미술관 리스트

세종문화회관미술관

1978년 개관한 복합 문화 공간으로 한글과 세종대왕에 관한 전시 및 국내외 전시를 개최한다.

서울 종로구 세종대로 175
https://www.sejongpac.or.kr/portal/main/main.do

세화미술관

도심 속 예술을 공유하는 열린 미술관으로 큐레이터와 함께하는 아트 투어에 참여할 수 있다.

서울 종로구 새문안로 68, 흥국생명빌딩 2층
http://www.sehwamuseum.org

소마미술관

서울올림픽의 성과를 예술로 승화하는 기념 공간이다. 유아부터 성인까지 미술과 친해질 수 있는 프로그램을 운영한다.

서울 송파구 올림픽로 424
https://soma.kspo.or.kr

아라리오뮤지엄 인 스페이스

주로 현대미술을 전시하고 있으며 어린이를 위한 미술관 속 직업 탐방 프로그램을 운영한다.

서울 종로구 율곡로 83
http://www.arariomuseum.org

아라아트센터

전시, 공연, 이벤트 등이 어우러지는 복합 문화 공간으로 여러 종류의 작품을 접할 수 있다.

서울 종로구 인사동9길 26
http://www.araart.co.kr

아르코미술관

현대미술의 패러다임을 이끄는 공공미술관. 어린이 대상의 도슨트 드로잉 워크숍을 운영한다.

서울 종로구 동숭길 3
https://www.arko.or.kr/artcenter

아모레퍼시픽미술관

아모레퍼시픽 본사에 위치한 미술관으로 동시대 미술의 최신 흐름을 살펴볼 수 있다.

서울 용산구 한강대로 100
https://apma.amorepacific.com

아트선재센터

1990년대 이후 동시대 미술을 도슨트 프로그램을 이용하여 더욱 재미있게 관람할 수 있다.

서울 종로구 율곡로3길 87
http://artsonje.org

일민미술관

현대미술의 흐름을 읽어낼 수 있으며 미술뿐 아니라 디자인, 건축 관련 전시를 관람할 수 있다.

서울 종로구 세종대로 152

https://ilmin.org

토탈미술관

문화와 예술을 즐기는 공간으로 미술관에서 운영하는 아카데미를 통해 미술과 건축에 관한 강좌를 들을 수 있다.

서울 종로구 평창32길 8

http://www.totalmuseum.org

헬로우뮤지움

알찬 전시가 있는 어린이 미술관으로 키즈 전문 도슨트와 함께하는 예술 체험도 이뤄진다.

서울 성동구 성수일로12길 20

http://www.hellomuseum.com

K현대미술관

강남 최대 규모의 사립미술관으로, 실험적인 전시들을 통해 현대미술을 깊이 있게 이해할 수 있다.

서울 강남구 선릉로 807

http://kmcaseoul.org

중랑아트센터

유아와 어린이 대상의 프로그램 및 가족과 함께 체험할 수 있는 다수의 프로그램을 운영한다.

서울 중랑구 망우로 353, 이노시티 C동 B2F

https://www.jnfac.or.kr/art/index

포스코미술관

포스코 그룹의 기업미술관으로 평면과 입체, 설치미술 등 다양한 전시를 관람할 수 있다.

서울 강남구 테헤란로 440, 포스코센터 지하 1층

http://www.poscoartmuseum.org

환기미술관

김환기 화가가 설립한 미술관으로 초등 미술 아카데미인 'ARThink 아트띵크'를 매년 운영한다.

서울 종로구 자하문로40길 63

http://whankimuseum.org

OCI미술관

젊은 작가들의 현대미술을 전시하고 있으며 작가 지원 프로그램도 운영하고 있다.

서울 종로구 우정국로 45-14

http://ocimuseum.org

서울 속
박물관 리스트

가회민화박물관

민화를 주제로 한 체험과 전시를 제공하는 곳으로 채색 체험을 통해 직접 민화를 그려 볼 수 있다.

서울 종로구 북촌로 52
http://www.gahoemuseum.org

국립고궁박물관

경복궁 내에 위치한 박물관으로 조선 왕실과 궁궐 생활, 과학 문화를 알 수 있는 전시가 열린다.

서울 종로구 효자로 12
https://www.gogung.go.kr

국립극장공연예술박물관

무용, 연극, 창극, 오페라, 판소리 등 다양한 장르의 공연예술 자료를 수집 및 보존하고 있다.

서울 중구 장충단로 59
https://www.ntok.go.kr/museum/main.do

국립민속박물관(어린이박물관)

나들이와 교육을 위한 공간. 전시, 연구, 교류 등의 영역에서 어린이를 위한 다양한 체험이 이뤄지고 있다.

서울 종로구 삼청로 37
https://www.nfm.go.kr

서울공예박물관(어린이박물관)

공예를 주제로 하는 박물관에서 그릇, 가구, 금속, 옷 등의 전시를 관람하고 공예 체험을 할 수 있다.

서울 종로구 율곡로3길 4, 서울공예박물관 교육동
https://craftmuseum.seoul.go.kr/chimsm/introduce

신문박물관PRESSEUM

한국 신문의 역사를 알 수 있는 공간으로 신문을 만들어 보는 체험과 다양한 프로그램을 즐길 수 있다.

서울 종로구 세종대로 152, 일민미술관 5층, 6층
http://presseum.or.kr

우표박물관

우표 문화생활을 장려하고자 개관한 박물관. 국내외 우표의 역사와 종류, 뒷이야기를 만나고 배울 수 있다.

서울 중구 소공로 70, 지하 2층
https://blog.naver.com/koreastampmuseum

은평역사한옥박물관

은평한옥마을 부지에 있으며 한옥의 역사와 은평구의 역사를 알아볼 수 있는 다양한 전시를 제공하고 있다.

서울 은평구 연서로50길 8
http://museum.ep.go.kr/

서울시립미술관

세종문화회관

양평군립미술관

2011년 12월 16일에 문을 연 양평군립미술관은 양평군민들은 물론 방문객 모두가 문화와 예술을 더욱 가까이에서 즐길 수 있는 곳입니다. 다양한 전시 기획을 통해 작가들의 창작 활동을 응원하고, 흥미로운 교육 프로그램과 문화 행사를 마련해 양평을 대표하는 문화 공간으로 자리 잡아 가고 있지요.

가족 모두가 문화적 힐링을 경험할 수 있는 이곳은 수준 높은 전시와 알찬 프로그램을 선보이는 동시에 생동감 넘치는 기획력과 전문성을 바탕으로 지역 작가들을 발굴하고 지원하는 데도 힘쓰고 있답니다. 국내외 미술계와 활발한 교류를 이어가면서 더 넓은 예술의 장을 만들어가고 있어요.

양평군립미술관은 전시 공간이기도 하지만 지역의 문화 아이콘이자 예술의 창이 되는 곳이기도 해요. 유관 기관과 협력해 체험형 관광이 가능하도록 하고, 평생 학습 공간으로서 지역 주민들의 문화적 즐거움을 위해 공헌하고 있지요. 무엇보다 예술을 통해 소통하고, 살아 있는 감동을 느낄 수 있는 공간으로 자리 잡으려 노력하고 있답니다.

연 면적 4,184㎡ 규모로, 전시장을 비롯해 교육실, 콘퍼런스룸, 라이브러리, 소회의실, 수유실, 키즈룸, 커뮤니티 공간 등 다양한 편의시설을 갖추고 있습니다.

주소 경기 양평군 양평읍 문화복지길 2
웹사이트 https://www.ymuseum.org

양평군립미술관 제공

이재효갤러리

이재효갤러리는 양평에서 20년 넘게 작업해 온 이재효 작가의 작업실 겸 갤러리예요. 이재효 작가는 세계적인 조각가이자 설치 예술가로, 이곳에는 작가가 직접 설계한 전시장과 카페가 조성되어 있답니다.

갤러리는 돌, 나무, 낙엽, 못, 소품, 종이, 연필 등 자연과 예술을 결합한 작품들과 드로잉 작품 1,000여 점을 관람할 수 있는 곳으로 총 5개의 전시실이 있어요. 1전시장은 '돌, 나무, 철', 2전시장은 '나무', 3전시장은 '나무, 돌, 쇠못'을 테마로 하며 4전시장은 작가의 소품, 5전시장은 드로잉과 자연 공간을 주제로 하고 있습니다.

갤러리 2, 3층에 있는 카페에서는 한적한 자연을 감상하며 휴식을 취하거나 이재효 작가의 디자인 기념품들을 구매할 수 있어요.

현대적이면서 아름다운 갤러리 건물과 양평군의 고즈넉한 경관이 계절마다 다른 모습을 보여주며, 작품들이 주는 여운이 갤러리의 분위기와 잘 어우러진답니다. 자연과 예술을 창의적으로 결합한 공간에서 예술에 대해 생각하고 깊게 탐구하는 시간을 가져보세요.

주소 경기 양평군 지평면 초천길 83-22
웹사이트 http://www.leeart.name

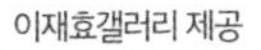
이재효갤러리 제공

경기도미술관

현대미술 전문 전시관으로 다양한 작품을 전시하고 있으며, 교육 프로그램도 운영하고 있다.

경기 안산시 단원구 동산로 268
https://gmoma.ggcf.kr

고양시립아람미술관

각종 전시와 체험 행사를 제공하는 문화 공간으로 어린이들을 위한 체험 활동이 있어 가족이 방문하기 좋다.

경기 고양시 일산동구 중앙로 1286
https://www.artgy.or.kr/aram/artgallery.aspx#296

국립현대미술관 어린이미술관

어린이와 가족을 위한 체험 전시와 여러 교육 프로그램을 개발 및 운영하고 있다.

경기 과천시 광명로 313
https://www.mmca.go.kr/visitingInfo/childArtMuseumInfo.do

김홍도미술관

조선시대 대표 화가 단원 김홍도의 미술 작품을 비롯해 안산을 기반으로 하는 지역 작가들의 작품을 전시한다.

경기 안산시 상록구 충장로 422
https://www.ansanart.com/main/danwon/index.do

남송미술관

가평의 아름다운 자연 풍경과 함께 다양한 문화 소재와 예술을 감상할 수 있는 대형 미술관이다.

경기 가평군 북면 백둔로 322
http://www.namsongart.com

문아트그라운드 at 마가미술관

현대적인 판화와 태피스트리 작품이 전시되어 있다. 나만의 컵 만들기와 에코백 프린팅 체험을 할 수 있다.

경기 용인시 처인구 모현읍 문형동림로101번길 37
https://www.magmuseum.com

미메시스아트뮤지엄

건축물과 예술 작품이 조화를 이룬 공간으로 자연광을 활용해 작품을 비추는 것이 특징이다.

경기 파주시 문발로 253
http://www.mimesisartmuseum.co.kr

백남준아트센터

백남준 작가의 작품을 관람할 수 있는 국내 최초의 미디어아트 전문 공공미술관이다.

경기 용인시 기흥구 백남준로 10
http://njp.ggcf.kr

블루메미술관

자연을 미술로 표현한 작품들을 눈으로 감상하고 귀로 들으며, 자연에 대한 감수성을 높일 수 있다.

경기 파주시 탄현면 헤이리마을길 59-30 헤이리예술마을
http://www.bmca.or.kr

소다미술관

대형 찜질방 건물을 리모델링하여 디자인 건축 미술관으로 재탄생시킨 문화재생 공간이다.

경기 화성시 효행로707번길 30
https://museumsoda.org

수원시립미술관

행궁 광장에 위치해 수원시의 많은 문화예술 기관 중에서도 대표적인 문화예술 공간으로 다양한 참여형 프로젝트를 만나볼 수 있다.

경기 수원시 팔달구 정조로 833
https://suma.suwon.go.kr

양주시립민복진미술관

민복진 조각가의 작품을 기증받아 설립된 곳으로 가족을 주제로 한 작품이 많아 가족이 함께 방문하기 좋다.

경기 양주시 장흥면 권율로 192
http://www.yangju.go.kr/minbokjin/index.do

여주미술관

설립자인 박해룡 작가의 작품 등 각종 미술품을 감상하고, 잘 조성된 정원과 중정을 둘러볼 수 있다.

경기 여주시 세종로 394-36
http://yeojuartmuseum.com

이천시립월전미술관

한국화 거장 월전 화백의 작품을 상설전시하며, 고미술 소장품들도 관람할 수 있다.

경기 이천시 경충대로2709번길 185
http://www.iwoljeon.org

작은미술관 보구곶

민방위 주민 대피 시설을 작은 미술관으로 꾸민 곳으로 다양한 기획전시와 연계 프로그램을 운영한다.

경기 김포시 월곶면 문수산로 373
http://gcf.or.kr

중남미문화원

중남미 고대 유물부터 미술과 조각작품이 전시된 아시아 유일의 중남미 테마 문화 공간이다.

경기 고양시 덕양구 대양로285번길 33-15
http://www.latina.or.kr

포마자동차디자인미술관

한국 최초의 사립 자동차 및 예술 미술관으로 자동차 디자인의 유래와 변화 과정을 알 수 있다.

경기 고양시 덕양구 향뫼로 91
http://www.foma.kr

한국미술관

한국 현대미술의 발전을 알 수 있는 미술관으로 회원들을 위한 미술 이론 및 실기 강의를 하고 있다.

경기 용인시 기흥구 마북로 244-2
http://www.hartm.com

한향림도자기미술관

헤이리마을에 위치한 미술관으로 도자기 전시를 관람한 후 도자기 체험을 통해 직접 작품을 만들 수 있다.

경기 파주시 탄현면 헤이리마을길 82-37
https://hhlceramicmuseum.modoo.at

해든뮤지움

세계적으로 유명한 거장들의 작품을 전시하는 것으로 유명하며, 아이들의 창의적 활동을 위한 교육 프로그램도 운영한다.

인천 강화군 길상면 장흥로101번길 44
http://www.haedenmuseum.com

현대어린이책미술관MOKA

전시를 통해 다양한 문화를 이해하고 세계를 바라보는 시야를 넓힐 수 있다. 어린이 책 만들기 체험을 할 수 있다.

경기 남양주시 다산순환로 50
https://www.hmoka.org

호암미술관

우리나라 전통 정원의 멋을 그대로 보여주는 곳으로 담 안과 바깥 풍경이 잘 어우러져 포근한 정서를 느낄 수 있다.

경기 용인시 처인구 포곡읍 에버랜드로562번길 38
http://www.hoammuseum.org

경기도 속
박물관 리스트

경기도어린이박물관

한국 최초의 독자적 건물로 지어진 체험식 박물관으로 가족이 함께 쉴 수 있는 복합 문화 공간을 지향한다.

경기 용인시 기흥구 상갈로 6
https://gcm.ggcf.kr

국토지리정보원지도박물관

김정호의 〈대동여지도〉를 비롯한 각종 고지도, 현대 지도 등을 유물과 그래픽 패널 영상으로 전시하고 있다.

경기 수원시 영통구 월드컵로 92
https://www.ngii.go.kr/map/main.do

메디테리움 의학박물관

세계 의학 유물을 관람하고 심폐소생술, 심장충격기, 응급구조 방법 등의 응급의료 체험을 할 수 있다.

경기 파주시 회동길 338
http://mediterium.co.kr

부천활박물관

활과 화살에 대한 전시가 잘되어 있으며 활쏘기 게임을 즐길 수 있는 공간, 포토존이 마련되어 있다.

경기 부천시 원미구 소사로 482
https://www.bcmuseum.or.kr/ko

국립농업박물관

농업의 발전 과정을 한눈에 볼 수 있는 전시를 관람하고, 농업 관련 체험을 할 수 있다.

경기 수원시 권선구 수인로 154
http://www.namuk.or.kr

덕소자연사박물관

전 세계 30여 나라에서 수집한 각종 화석을 전문가의 조언을 통해 학술적으로 전시하고 있다.

경기 남양주시 와부읍 석실로 46-11
http://www.duksomuseum.com

부천물박물관

물 관련 정보와 전시물을 제공하여, 우리가 마시는 수돗물의 생산 과정을 한눈에 볼 수 있는 체험 공간을 제공한다.

경기 부천시 오정구 길주로 691
http://water.bucheon.go.kr/site/homepage/menu/viewMenu?menuid=075004001

세계민속악기박물관

전 세계 120개 나라에서 온 2,000여 점의 악기와 민속 자료를 관람하고 악기 연주 체험도 할 수 있다.

경기 파주시 탄현면 헤이리마을길 63-26
http://www.e-musictour.com

경기도 속
박물관 리스트

수원박물관

옛 공동묘지 부지에 설립된 박물관으로 수원의 역사와 문화, 한국 서예사의 흐름을 쉽게 알 수 있다.

경기 수원시 영통구 창룡대로 265
https://swmuseum.suwon.go.kr

수원월드컵경기장 축구박물관

1882년 한국 최초의 축구화부터 박지성 기념 코너에 이르기까지 한국 및 세계 축구의 역사를 알 수 있다.

경기 수원시 팔달구 우만동 201-1
https://suwonworldcup.gg.go.kr/gg_worldcup_building/museum/target

시흥오이도박물관

오이오 유적을 이해하고 선사인들의 생활상을 배울 수 있으며 역사 체험도 할 수 있다.

경기 시흥시 오이도로 332
http://oidomuseum.siheung.go.kr

용인시박물관

어린이 체험실과 영상 체험실에서 각종 체험을, 미디어 시스템으로는 역사를 재미있게 배울 수 있다.

경기 용인시 기흥구 동백3로 79
https://www.yongin.go.kr/museum/index.do

인천시립박물관

인천의 역사와 문화를 한눈에 볼 수 있는 곳으로, 선사시대부터 현대까지 다양한 유물을 관람할 수 있다.

인천 연수구 청량로160번길 26
https://www.incheon.go.kr/museum/index

인천어린이박물관

생활 속 과학의 원리를 쉽고 재미있게 배울 수 있는 곳. 직접 만지고 조작하는 체험 전시로 이루어져 있다.

인천 미추홀구 매소홀로 618
http://www.enjoymuseum.org

자연생태박물관

자연 관찰 체험을 할 수 있는 박물관으로 곤충과 식물, 공룡, 동물 등의 자료를 관찰하고 관련된 체험을 할 수 있다.

경기 부천시 길주로 660

http://ecopark.bucheon.go.kr

철도박물관

철도 관련 전문 박물관으로 여러 종류의 기차와 그 역사를 배우면서 스탬프 투어도 할 수 있다.

경기 의왕시 철도박물관로 142

https://www.railroadmuseum.co.kr

한국만화박물관

한국 만화의 역사와 발전 과정을 배울 수 있으며, 다양한 만화 기획 전시와 교육 프로그램을 운영한다.

경기 부천시 길주로 1

https://www.komacon.kr/comicsmuseum

조명박물관

한국 유일의 조명 전문 박물관으로 빛과 색, 조명과 관련된 교육 및 체험, 공연 등을 운영한다.

경기 양주시 광적면 광적로 235-48

https://www.lighting-museum.com

한국등잔박물관

전시와 체험존을 통해 옛날 물건과 관련 생활상을 알 수 있으며, 전통 등잔 문화를 경험할 수 있다.

경기 용인시 처인구 모현읍 능곡로56번길 8

http://www.deungjan.org

당림미술관

당림미술관은 당림 이종무 화백이 귀향하여 선산에 설립한 충남 1호 미술관이에요. '예술, 자연, 가족'이라는 테마로 만들어져 지역 주민들에게 편안한 문화 공간이 되어 주고 있답니다.

누구나 쉽게 미술을 접할 수 있도록 미술관의 문턱을 낮춘 것이 가장 큰 특징이에요. 다양한 미술 장르를 아우르면서도 관람객의 눈높이에 맞춘 전시와 교육 프로그램을 운영하고 있는데요. 덕분에 미술에 대한 대중의 관심을 높이고 지역 미술 문화가 더 널리 퍼지는 역할을 하고 있어요.

당림 이종무 화백이 작업하던 공간과 사용했던 물건들을 그대로 보존하고 있으며, 화백의 작업실을 직접 둘러볼 수 있는 특별한 기획 전시도 열리고 있답니다. 또한 지역 주민들에게 수준 높은 작품을 소개하기 위해 미술관 큐레이터가 직접 선정한 작가들의 전시를 마련하고 있어요.

미술관 내부에는 가족들이 편하게 쉴 수 있는 카페도 있어서 관람 후 가볍게 차 한잔하며 이야기를 나눌 수 있어 더 좋답니다.

어린이들을 위한 교육 프로그램도 운영 중이에요. 정규반은 월 단위로 등록해서 일주일에 한 번씩 정기적으로 참여하는 프로그램입니다(대상: 6~13세, 당림문화학교). 정기적으로 참여하기 어려운 친구들을 위해 한 번씩 가볍게 체험할 수 있는 일일체험 프로그램인 바닥화 프로그램도 준비되어 있답니다.

주소 충남 아산시 송악면 외암로1182번길 34-19
웹사이트 https://dangnim.modoo.at

당림미술관 제공

충청도 속 미술관 리스트

국립현대미술관 청주

국내 최초 수장형 미술관으로 어린이와 청소년, 교사, 성인을 위한 각종 프로그램을 운영한다.

충북 청주시 청원구 상당로 314
https://mmca.go.kr/visitingInfo/cheongjuInfo.do

대전시립미술관

한국의 다양한 근현대 미술품을 감상할 수 있고 미술품 기증의 의미와 역할을 탐구할 수 있다.

대전 서구 둔산대로 155
https://www.daejeon.go.kr/dma

모산조형미술관

남포오석(오석과 청석) 콘텐츠 중심의 미술관에서 다양한 조각 작품을 둘러보고 여러 체험도 할 수 있다.

충남 보령시 성주면 성주산로 673-24
http://www.mosanmuseum.com

서해미술관

폐교를 개조하여 만든 공간에서 서양화가 정태궁 관장의 상설전시 및 여러 작가의 기획전시가 이뤄지고 있다.

충남 서산시 부석면 무학로 152-13
https://shas21.creatorlink.net

스페이스몸 미술관

회화, 조각, 공예, 사진, 설치미술, 영상매체 등 장르를 구분하지 않고 현시대의 흐름을 보여주는 전시가 다수 열린다.

충북 청주시 흥덕구 풍년로 162
http://www.spacemom.org

아트센터고마

체험 프로그램과 도슨트 프로그램을 운영하며 그 외에도 상시 체험할 수 있는 상설 체험 공간이 있다.

충남 공주시 고마나루길 90
http://www.gongjucf.or.kr

이응노의 집

고암 이응노 화백의 예술 세계를 접할 수 있다. 직접 천에 표현하는 염색 수업도 받을 수 있다.

충남 홍성군 홍북읍 이응노로 61-7
http://www.hongseong.go.kr/leeungno/index.do

임립미술관

작품 속 이야기를 발견하고 자신의 이야기로 자유롭게 전환하여 이를 다시 작품으로 표현하는 프로그램이 있다.

충남 공주시 계룡면 봉곡길 77-13
http://limlip3.cafe24.com

천안시립미술관

전시 콘텐츠를 매개로 대상별 또는 주제별 교육 프로그램을 체험할 수 있다. 도슨트 프로그램을 운영한다.

충남 천안시 동남구 성남면 종합휴양지로 185
https://www.camoa.or.kr

청주시립미술관

지역 특색에 맞는 전시가 특징이며 전시 관람 후에 연계 프로그램으로 다양한 체험을 할 수 있다.

충북 청주시 서원구 충렬로18번길 50
http://cmoa.cheongju.go.kr

충청도 속 박물관 리스트

고남패총박물관

조개껍질이 쌓여 만들어진 고남 패총유적에서 발굴되거나 조사된 유물을 전시하고 있다.

충남 태안군 고남면 안면대로 4270-6
https://taean.go.kr/tour/sub04_07_01_01.do

국립공주박물관

무령왕릉에서 출토된 주요 유물을 볼 수 있으며, 백제 문화유산에 관한 체험 학습이 열린다.

충남 공주시 관광단지길 34
https://gongju.museum.go.kr

국립부여박물관

미디어아트, 360도 입체형 프로젝션 등 최첨단 디지털 작품에 매달리고, 올라가보고, 돌려보는 체험을 할 수 있다.

충남 부여군 부여읍 금성로 5
https://buyeo.museum.go.kr/index.do

국립중앙과학관

과학 기술 자료를 보관 및 전시하는 곳으로 방학 때마다 아이들을 위한 과학 교실을 운영한다.

대전 유성구 대덕대로 481
https://www.science.go.kr

국립청주박물관

선사부터 조선 시대까지 충북 유물을 전시한다. 과학과 수학, 예술을 서로 접목하여 문화재를 이해할 수 있도록 한다.

충북 청주시 상당구 명암로 143
https://cheongju.museum.go.kr

금산역사문화박물관

박물관 전시를 관람하며 스탬프 투어를 하면서 조금 더 재미있게 공부하고 기념품도 받을 수 있다.

충남 금산군 금산읍 금산로 1575
https://www.geumsan.go.kr/site/museum/index.html

대전시립박물관

천혜의 터 한밭, 그 터에 시간이 만든 수많은 문화유산과 역사를 전시하여 소개하고 있다.

대전 유성구 도안대로 398
https://www.daejeon.go.kr/his/index.do

독립기념관

독립운동사와 관련된 전시관으로 대한민국 임시정부에 대한 새로운 이야기를 만날 수 있다.

충남 천안시 동남구 목천읍 독립기념관로 1
https://i815.or.kr

백제문화체험박물관

백제 역사에 관해 알 수 있는 전시품을 관람하고, 직접 토기를 만들어보면서 백제 문화의 창조성을 체험할 수 있다.

충남 청양군 대치면 장곡길 43-24

http://www.cheongyang.go.kr/museum.do

백제역사문화관

백제의 문화를 접할 수 있도록 관련 문화재들이 전시되어 있으며, 연날리기 국궁 체험, 굴렁쇠 등을 즐길 수 있다.

충남 부여군 규암면 백제문로 455

https://www.bhm.or.kr/html/kr/visit/visit_02_01.html

보령문화의전당

주말마다 어린이가 있는 가족이 참여할 수 있는 '우리 가족 박물관 나들이' 프로그램을 운영한다.

충남 보령시 대흥로 63

http://culture.brcn.go.kr

석장리박물관

선사 · 구석기시대의 역사를 공부할 수 있으며 옷을 입어보기나 소품 만들기 등의 체험도 할 수 있다.

충남 공주시 금벽로 990

http://www.gongju.go.kr/sjnmuseum

세종시립민속박물관

칠교놀이와 고누놀이, 투호 던지기와 같은 우리 전통 놀이를 즐길 수 있으며 체험 학습도 제공한다.

세종 전의면 금사길 75

http://www.sejong.go.kr/museum.do

안면도쥬라기박물관

진품 공룡 뼈가 전시된 박물관. 고고학자가 되어 화석을 발굴하는 체험과 공룡 관련 AR·VR 체험을 할 수 있다.

충남 태안군 남면 곰섬로 37-20

http://www.anmyondojurassic.com

영인산산림박물관

산림환경 보호 의식을 고취하고 생활 속에서 실천할 수 있도록 교육해주는 체험 활동이 있다.

충남 아산시 염치읍 아산온천로 16-30

https://museum.asanfmc.or.kr

옛터민속박물관

생활사 전반의 민속 유물을 체계적으로 수집 및 보존, 전시하는 곳으로 다양한 공예 체험을 할 수 있다.

대전 동구 산내로 321-35

https://www.yetermuseum.com

우정박물관

우체국 업무 전반을 소개하는 박물관으로 집배원 되어보기, 편지 쓰기 등의 체험을 할 수 있다.

충남 천안시 동남구 양지말1길 11-14

https://www.koreapost.go.kr/postmuseum/index.do

윤봉길의사기념관

독립운동가 윤봉길 의사를 기리는 기념관이자 역사적인 배움의 장소로 가이드형 체험 프로그램이 있다.

충남 예산군 덕산면 덕산온천로 183-5

https://www.yesan.go.kr/ybgm.do

의림지 역사박물관

고대에 축조된 저수지인 제천 의림지의 역사와 구조, 관개 방법, 생태 등에 대해 알아볼 수 있다.

충북 제천시 의림대로47길 7

https://www.jecheon.go.kr/museum/index.do

정림사지박물관

부여 정림사지 5층석탑을 관람할 수 있고, 다양한 체험과 전시를 통해 백제 문화를 더욱 잘 이해할 수 있다.

충남 부여군 부여읍 정림로 83

http://www.jeongnimsaji.or.kr

청주고인쇄박물관

세계에서 가장 오래된 금속활자본 《직지》를 중심으로 고려의 금속활자 인쇄술과 청주 흥덕사 관련 자료를 전시한다.

충북 청주시 흥덕구 직지대로 713

http://cheongju.go.kr/jikjiworld/index.do

충청남도산림박물관

산림에 관한 사료의 보존과 전시를 하는 곳으로 산책로가 잘 조성되어 있으며, 목공예 체험도 할 수 있다.

세종 금남면 산림박물관길 110

https://keumkang.chungnam.go.kr:452/forestMuseum.aspforestMuseum.asp

한국자연사박물관

공룡 박물관과 어린이 박물관이 있어, 아이들이 좋아하는 공룡 전시를 관람하고 관련 만들기 체험도 할 수 있다.

충남 공주시 반포면 임금봉길 49-25
http://www.krnamu.or.kr

한국토종씨앗박물관

토종 씨앗 1,500여 종을 소장 및 전시한다. 옛 농기구들을 관람할 수 있으며 농사 체험도 할 수 있다.

충남 예산군 대술면 시산서길 64-9
https://blog.naver.com/fsac

한독의약박물관

한국 최초의 기억 박물관이다. 한국 의약학 관련 유물들이 전시되어 있으며 다양한 교육 프로그램을 운영한다.

충북 음성군 대소면 대풍산단로 78
https://www.handokmuseum.com

한국조폐공사 화폐박물관

주화, 지폐의 역사를 살펴보고 최근까지 발행된 원화 지폐의 변화된 모습도 한눈에 볼 수 있다.

대전 유성구 과학로 80-67
https://museum.komsco.com

한국도량형박물관

한국 최초의 도량형 전문 박물관으로 전통 및 근현대 도량형의 발달 과정과 그 용도를 배우고 연계 활동도 할 수 있다.

충남 당진시 산곡길 219-4
https://kwmuseum.modoo.at

고려청자박물관

고려청자박물관은 1970년대 고려청자의 재현을 위한 고려청자사업소로 시작하여 1997년 9월 강진청자자료박물관으로 개관했어요. 2006년에는 강진청자박물관이라는 명칭으로 1종 전문박물관으로 등록되었고, 2015년에 고려청자박물관으로 명칭을 변경했답니다.

이곳에서 소개 및 전시하는 고려청자는 고려시대에 만들어진 푸른빛의 자기를 통틀어 이르는 말이에요. 고려청자는 우리 선조들의 높은 과학기술과 문화적 역량, 예술혼이 고스란히 담겨 있는, 고려시대를 대표하는 문화유산입니다.

박물관에서는 섬세하고 정교한 고려청자 제작 기술을 볼 수 있는 유물 전시, 직접 흙을 빚어 촉감을 느껴볼 수 있는 빚기 체험, 그리고 현대 디지털 기술로 재탄생한 콘텐츠 전시 등이 있어 고려청자의 과거, 현재, 미래를 한 곳에서 만날 수 있어요. 또한 각종 청자 관련 체험 프로그램(조각 체험, 코일링 체험, 물레 체험)도 운영하고 있죠.

고려청자박물관은 고려청자의 역사적 의의와 예술적 가치를 보고 느낄 수 있는 열린 박물관이자 고려청자의 연구 및 창조적 보존, 계승에 앞장서는 공간이 되도록 노력하고 있습니다.

주소 전남 강진군 대구면 청자촌길
웹사이트 https://www.celadon.go.kr

고려청자박물관 제공

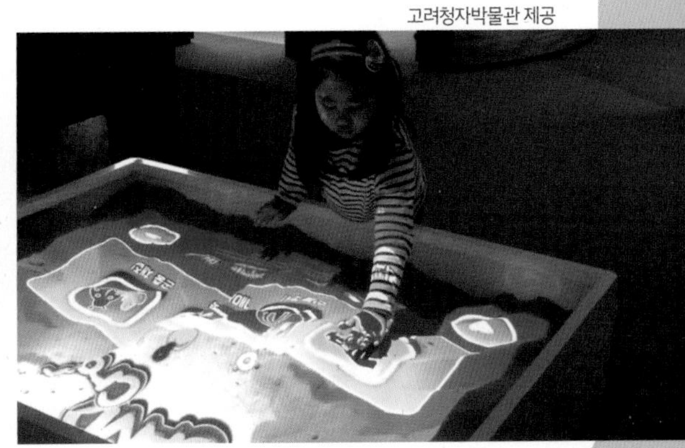

남원시립김병종미술관

2018년 3월 2일에 문을 연 남원시립김병종미술관은 남원시에서 직접 운영하는 공립미술관이에요. 시민들이 문화 예술을 더 가까이에서 즐길 수 있도록 작가들의 전시 공간을 마련해 지역 미술의 특색을 널리 알리는 역할을 하고 있답니다.

이곳에서는 한국화가 김병종 작가가 기증한 작품을 중심으로 다양한 컬렉션을 수집하고 연구하고 있어요. 동시에 지역 미술을 활성화하고, 현대 한국화가 가진 가치를 다시금 조명하는 공간으로 자리 잡고 있답니다. 남원이 지닌 '전통과 미래가 공존하는 도시'라는 특징을 예술이라는 관점에서 더욱 풍성하게 보여주려는 노력이 담겨 있어요.

특히 미술관은 숲으로 둘러싸인 전원형 미술관으로 바쁜 일상 속에서 잠시 벗어나 자연을 느끼며 힐링할 수 있는 공간이기도 해요. 작품을 감상하는 곳을 넘어 자연과 예술이 함께 어우러지는 복합 문화 공간으로서 마음을 치유하는 특별한 경험을 선사한답니다. 또한 2023년 12월에 개관한 남원시립김병종미술관, 콩은 생애주기별 교육 프로그램을 제공하고, 실감미디어 전시를 경험할 수 있는 공간으로 자리 잡고 있어요.

미술관 안에는 약 2,000여 권의 미술·문학·인문학 도서가 비치된 북카페도 마련되어 있어요. 책을 읽으며 예술을 더 깊이 이해하고, 조용히 사색을 즐길 수 있답니다. 이런 독특한 운영 방식 덕분에 개관 후 5년 동안 20만 명 이상의 관람객이 찾았고, 2021~2022년에는 '한국인이 꼭 가봐야 할 관광지 100선'에 선정되기도 했답니다.

주소 전북 남원시 함파우길 65-14
웹사이트 www.namwon.go.kr/nkam

남원시립김병종미술관 제공

전라도 속 미술관 리스트

광주시립미술관

다양한 전시회가 열리며 어린이들을 위한 체험형 학습과 놀이 중심의 미술 복합 공간을 제공하고 있다.

광주 북구 하서로 52
https://artmuse.gwangju.go.kr

그림책미술관

다채로운 체험 활동을 비롯해 어린이 미술 교육, 구연동화 등 다수의 프로그램을 운영한다.

전북 완주군 삼례읍 삼례역로 48-1
http://www.picturebookmuseum.com

금구원야외조각미술관

한국 최초의 조각공원으로 굴절 망원경 등의 장비를 보유한 천문대가 있어 학생들의 체험 학습 코스로 좋다.

전북 부안군 변산면 도청리 861-20
http://www.keumkuwon.org

동곡미술관

문화 예술을 경험하고 즐길 수 있는 휴식 공간이자 상상력을 기르는 창의적 공간, 소통하고 교류하는 참여적 공간이다.

광주 광산구 어등대로529번길 37
https://www.donggokart.com

미술관 솔

근대 서화 작품을 중심으로 연구 및 전시를 진행하며, 현대미술가의 작품 전시 또한 지원하고 있다.

전북 전주시 완산구 팔달로 212-6
http://www.artmuseumsol.org

아르떼뮤지엄 여수

오션(Ocean)을 테마로 하는 미디어아트 전시를 관람할 수 있다.

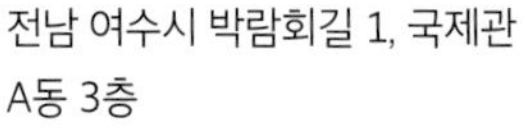

전남 여수시 박람회길 1, 국제관
A동 3층

https://artemuseum.com/YEOSU

아인미술관

지역 작가의 작품을 전시하고 있으며 가족이 함께 즐길 수 있는 원데이클래스를 운영하고 있다.

전남 장성군 장성읍 미락단지길 8, 2층
https://www.instagram.com/ain_museum

전남도립미술관

도슨트 해설로 작품을 감상할 수 있다. 전시연계 체험 프로그램과 어린이를 위한 프로그램이 잘 구성되어 있다.

전남 광양시 광양읍 순광로 660
http://artmuseum.jeonnam.go.kr

함평군립미술관

지역 축제와 연계한 특별전시, 기획전시, 상설전시를 비롯해 문화예술 체험교육 프로그램을 운영하고 있다.

전남 함평군 함평읍 수호리 1154-1
http://www.hpart.or.kr

아천미술관

사실화와 조각품, 화폐와 우표 등을 전시하며, 해마다 '아천 뮤지엄 페스티벌'을 개최한다.

전남 영암군 신북면 하정길 12-7
http://www.achen.kr

정읍시립미술관

현대미술품을 전시하고 있으며 미디어아트로 재해석된 명화 관람, 미술관 행사와 교육 프로그램을 제공한다.

전북 정읍시 시기4길 7
https://blog.naver.com/jema1024

전라도 속 박물관 리스트

5·18민주화운동기록관

5·18 민주화 운동에 관한 역사적인 전시물과 자료를 간직하고 있는 곳으로 그 의미를 되새길 수 있다.

광주 동구 금남로 221
http://518archives.go.kr

고흥분청문화박물관

분청도자 문화를 계승 및 발전하는 곳에서 우리 문화유산을 감상하고, 분청사기 만들기 및 문양 그리기 등의 관련 체험을 할 수 있다.

전남 고흥군 두원면 운대리 141-6
https://buncheong.goheung.go.kr

국립광주박물관 어린이박물관

우리 문화재와 전통문화 전반을 배우고 체험 등의 활동을 할 수 있는 프로그램을 운영한다.

광주 북구 하서로 110, 교육관 1층
http://gwangju.museum.go.kr/child/index.do

국립해양문화재연구소

해양 유물을 전시하고 보존한다. 해로를 통해 물건을 날라 교류하던 시절의 배와 유물들을 전시하고 있다.

전남 목포시 남농로 136
https://www.seamuse.go.kr

광주역사민속박물관

남도의 자연과 생활 문화에 대해 접하고, 다양한 재료로 전통문화 체험도 할 수 있다.

광주 북구 서하로 48-25
https://www.gwangju.go.kr/gjhfm

국립익산박물관

익산 미륵사지에 자리 잡고 있는 박물관에서 백제의 불교 문화를 배울 수 있다.

전북 익산시 금마면 미륵사지로 362
https://iksan.museum.go.kr

군산근대역사박물관

군산의 근대문화 및 해양 문화를 주제로 하는 특화 박물관으로 군산의 역사와 문화를 체험할 수 있다.

전북 군산시 해망로 240
https://museum.gunsan.go.kr

남도향토음식박물관

남도 및 광주 향토 음식에 대해 배우고 어린이 쿠킹 클래스와 어린이 음식 문화 체험을 할 수 있다.

광주 북구 설죽로 477
http://bukgu.gwangju.kr/namdofood

나주배박물관

나주 배의 역사와 문화를 알리는 곳으로 방문객들은 배 따기 체험을 할 수 있다.

전남 나주시 금천면 영산로 5838
https://blog.naver.com/najupearmuseum

담양곤충박물관

어린이 곤충박물관으로 살아 있는 곤충과 파충류를 매개로 한 다양한 체험과 탐색 활동을 할 수 있다.

전남 담양군 담양읍 담양88로 428
http://www.yellowzebra.co.kr/20

목포생활도자박물관

국내 최초의 산업도자 전문 박물관으로 어린이들을 위한 도자기 만들기, 도자 그림 그리기 등 체험 프로그램을 운영한다.

전남 목포시 남농로 117
https://doja.mokpo.go.kr

무주곤충박물관

천연기념물이자 환경 지표종인 반딧불이를 비롯해 전 세계의 다양한 곤충이 실물 전시되어 있다.

전북 무주군 설천면 무설로 1324
http://tour.muju.go.kr/bandiland/index.do

담양우표박물관

민간 최초의 우표 전문 박물관으로 우리나라 최초 문위우표부터 다양한 우표들이 전시되어 있다.

전남 담양군 대전면 대치9길 16
https://cafe.naver.com/nsk7000

땅끝해양자연사박물관

설립자인 임양수 관장이 40여 년간 직접 수집한 5만여 점의 해양자연사 자료들을 만나 볼 수 있다.

전남 해남군 송지면 땅끝마을길 89
http://www.tmnhm.co.kr

목포자연사박물관

자연사관과 문예역사관으로 이루어져 있으며 화석, 광물, 조류, 포유류, 곤충, 식물, 지역문예사료 등 방대한 소장품을 전시한다.

전남 목포시 남농로 135
https://museum.mokpo.go.kr

백제왕궁박물관

익산 왕궁리유적에 자리한 박물관에서 백제 왕궁의 건축, 생활문화, 구조를 배울 수 있다.

전북 익산시 왕궁면 궁성로 666
http://www.iksan.go.kr/wg

전라도 속 박물관 리스트

보석박물관

원석을 채굴하고 다듬어 보석이 되는 과정을 생생하게 볼 수 있으며, 관련 체험도 할 수 있다.

전북 익산시 왕궁면 호반로 8

https://www.jewelmuseum.go.kr/index.iksan

부채박물관

조선시대의 합죽선과 접부채, 단선(방구부채) 그리고 근대 유물까지 부채의 화려한 전성기를 볼 수 있다.

전북 전주시 완산구 천경로 37, 2층

http://fanmuseum.co.kr

순천시립뿌리깊은나무박물관

한글, 한복, 한국의 소리, 한국의 차와 옛 민속 유물 등 우리 문화의 뿌리를 보고 느낄 수 있다.

전남 순천시 낙안면 평촌3길 45

https://www.suncheon.go.kr/tour/tourist/0010/0002

한국민화뮤지엄

전문 해설사를 통해 재미있는 이야기로 민화 해설을 들을 수 있으며, 다양한 민화 체험과 4D 체험이 가능하다.

전남 강진군 대구면 청자촌길 61-5

http://minhwamuseum.com

부안청자박물관

고려청자의 역사, 제작 과정, 개경으로의 운반 경로를 볼 수 있으며, 도자기 만들기 체험을 할 수 있다.

전북 부안군 보안면 청자로 1493

http://www.buan.go.kr/buancela/index.buan

소금박물관

소금밭 트릭아트와 옛 염전을 재현한 조형물을 감상할 수 있고, 소금볼 체험과 소금밭 체험 활동을 즐길 수 있다.

전남 신안군 증도면 지도증도로 1058

https://www.saltmuseum.org

정읍시립박물관

정읍사, 상춘곡, 고현동향약, 정읍 농악 등을 보존 및 전시하며, 정읍의 역사와 문화를 재조명하고 있다.

전북 정읍시 내장산로 370-12

https://www.instagram.com/jeongeup_city_museum

익산 미륵사지

대구미술관

2011년, 많은 사람들의 관심을 받으며 개관한 대구미술관은 지역 미술의 역사와 흐름을 연구하면서 현대미술과 연결되는 대표적인 미술 플랫폼 역할을 하고 있어요. 전통과 현대가 어우러지는 공간에서 다양한 전시와 교육 그리고 참여 프로그램을 경험할 수 있답니다.

미술관은 가치 있는 소장품과 아카이브 자료를 수집하고 연구하면서 시대성과 지역성을 담아내는 공간으로 자리 잡아 가고 있어 작품 감상은 물론 일상 속에서 예술을 가까이 느낄 수 있는 문화의 장이자 바쁜 도시 속에서 잠시 쉬어 갈 수 있는 따뜻한 공간이 되어주고 있죠.

국내외 작가들의 개인전과 초대전 등 다양한 전시도 열리고 있어요. 방문객들이 폭넓은 예술을 감상하고 즐길 수 있도록 전시실은 어미홀을 비롯해 1~5전시실과 프로젝트룸 등으로 구성되어 있어요. 미술정보센터에서는 국내외 미술 관련 단행본과 잡지, 도록 등 다양한 자료를 열람할 수 있고, 아카이브실에서는 대구미술관의 연구 및 전시 자료를 자유롭게 살펴볼 수 있어요. 전시를 관람하다가 잠시 쉬고 싶다면 팔공산 조망이 보이는 뷰라운지에서 여유로운 시간을 보낼 수도 있답니다.

어린이와 청소년, 성인을 위한 다양한 교육 프로그램과 전시 연계 프로그램도 운영 중이에요. 관심 있는 프로그램을 미리 홈페이지에서 확인하고 신청하면 더욱 알찬 시간을 보낼 수 있어요.

주소 대구 수성구 미술관로 40
웹사이트 https://daeguartmuseum.or.kr

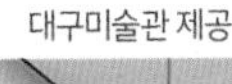

대구미술관 제공

숲속미술학교

숲속미술학교는 미술과 놀이를 결합해 아이들이 자연스럽게 창의력을 기를 수 있도록 돕는 공간이에요. 그림을 그리고 조각을 만들며 미술을 배우는 것도 중요하지만 아이들이 자유롭게 상상하고 표현하는 즐거움을 느끼게 하는 것이 숲속미술학교의 가장 큰 목표랍니다.

이곳은 박성찬 작가가 프랑스에서 유학하던 시절, 유명한 조각가가 작업실에서 아이들과 함께 미술을 매개로 놀이 수업을 하는 모습을 보고 영감을 얻어 시작되었어요. 이후 한국에 돌아와 포항 신광의 작업실에서 처음 숲속미술학교를 열었고, 현재는 포항 청하로 이전해 더 많은 아이들과 만나고 있답니다.

숲속미술학교 안에는 원장 선생님이 직접 만든 조형물들이 곳곳에 놓여 있어요. 덕분에 아이들은 이곳에서 마음껏 뛰어놀며 자연스럽게 창의력을 발휘하고 있답니다. 넓은 운동장과 깨끗한 샤워장도 마련되어 있어 하루 종일 신나게 놀아도 걱정없어요.

체험 수업도 다양하게 준비되어 있어요. 단체나 개인이 참여할 수 있는 맞춤형 미술 프로그램도 운영 중이라 아이들은 원하는 활동을 선택해 즐길 수 있어요. 부모와 함께 체험하는 과정에서 더욱 가까워지는 것은 당연하고요.

주소 경북 포항시 북구 청하면 사방공원길 27
웹사이트 https://cafe.naver.com/forestinart

숲속미술학교 제공

시안미술관

시안미술관은 2004년 4월, 시안아트센터라는 이름으로 처음 문을 열었어요. 같은 해 12월, 박물관미술관진흥법에 따라 제1종 미술관으로 등록되면서, 경북 영천시 화산면에 있는 폐교된 초등학교를 새롭게 단장해 복합 문화 공간이자 전문 미술관으로 다시 태어났답니다.

이곳은 수준 높은 문화 서비스와 다양한 프로그램을 통해 지역의 문화예술 발전에 힘쓰고 있어요. 특히 수도권과 대도시 중심으로 몰리는 문화 편중 현상을 해소하기 위해 지역 주민들도 손쉽게 예술을 접할 수 있도록 노력하고 있답니다. 덕분에 시안미술관은 전시 공간이자 누구나 편하게 찾아와 예술을 즐기고 체험할 수 있는 열린 문화 공간으로 자리 잡았어요.

미술관이 위치한 가래실 마을은 '2011년 문화체육관광부 마을 미술프로젝트'에 선정되면서 가래실 문화마을로 거듭났어요. 덕분에 미술관과 마을이 경계를 허물고 하나의 문화 예술 공동체처럼 연결되었답니다. 이곳에서는 예술이 일상 속에서 자연스럽게 스며드는 경험을 할 수 있어요.

미술관에서는 다양한 만들기 체험과 작품 전시를 즐길 수 있어요. 넓은 야외 공간과 고즈넉한 실내 전시장이 조화를 이루고 있어서 가족 나들이는 물론 학생들의 단체 관람에도 잘 어울리는 곳이랍니다. 시대가 빠르게 변화하는 요즘, 예술을 통해 마음에 창을 열어주는 아름다운 쉼터가 되어주는 공간을 찾아보세요.

주소 경북 영천시 화산면 가래실로 364
웹사이트 https://www.cianmuseum.org

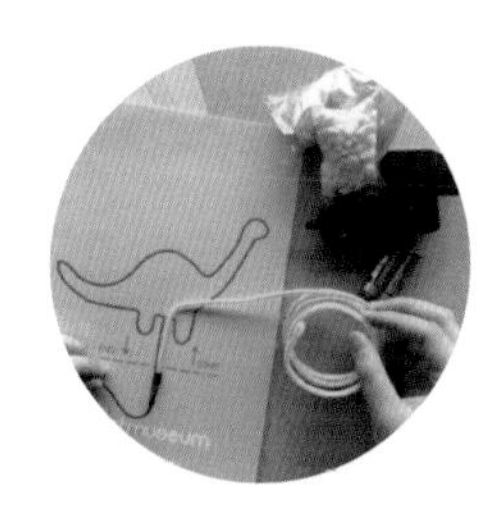

시안미술관 제공

경남도립미술관

한국 현대미술, 근현대 미술에 관한 다양한 전시와 교육 프로그램을 비롯해 도슨트 프로그램을 운영한다.

경남 창원시 의창구 용지로 296
https://www.gyeongnam.go.kr/gam

마산현대미술관

학교를 리모델링해 설립된 공간으로 판화, 도자기 체험 등 전시연계 프로그램에 참여할 수 있다.

경남 창원시 마산합포구 진전면 팔의사로 361
http://mac2004.or.kr

뮤지엄 원

해운대에 위치한 미디어아트 전문 현대미술관으로 트렌디한 미디어아트 예술 작품을 감상할 수 있다.

부산 해운대구 센텀서로 20
http://kunst1.co.kr

부산시립미술관

전시실과 수장고, 어린이미술관, 공원 등으로 이루어져 있으며 어린이들을 위한 교육 프로그램을 진행하고 있다.

부산 해운대구 APEC로 58
http://art.busan.go.kr/m

부산현대미술관

부산의 공공미술관으로 한 공간에서 미술 연계 프로그램과 독서 프로그램을 체험할 수 있다.

부산 사하구 낙동남로 1191
https://www.busan.go.kr/moca/index

수피아미술관

다양한 작품의 전시를 통해 지역 미술의 활성화에 힘쓰고 있으며, 가족을 위한 예술체험 프로그램도 운영한다.

경북 칠곡군 가산면 학하들안2길 105
http://www.supiamuseum.com

알천미술관

경주예술의전당 안에 있는 문화예술의 전시 및 관람을 위한 공간으로 다양한 미술 작품을 관람할 수 있다.

경북 경주시 알천북로 1

https://www.garts.kr/index.do

포항시립미술관

포항 문화의 근간인 철(steel)을 소재로 하는 작품들을 소장하고 있으며, 미술과 과학의 융합교육 프로그램을 운영한다.

경북 포항시 북구 환호공원길 10

https://poma.pohang.go.kr/poma

통영옻칠미술관

전통 나전칠기와 현대 작가들의 칠예작품을 전시하고 있으며, 추상미술에서 생활 도구까지 다양한 작품을 관람할 수 있다.

경남 통영시 용남면 용남해안로 36

https://blog.naver.com/tyottchil

거제조선해양문화관

배를 만들고 움직이는 원리를 배울 수 있는 곳으로 유아 조선소에서 직접 배를 움직여보는 체험을 할 수 있다.

경남 거제시 일운면 지세포해안로 41
https://www.gmdc.co.kr/_marine

거창박물관

채색본 〈대동여지도〉와 둔마리 벽화 고분을 비롯해 가야토기, 고려자기, 조선백자 등이 전시되어 있다.

경남 거창군 거창읍 수남로 2181
https://www.geochang.go.kr/museum/Index.do

고성공룡박물관

국내 최초의 공룡 전문 박물관으로 진품 화석을 감상하고 세계의 여러 공룡에 대해 알 수 있다.

경남 고성군 하이면 자란만로 618
https://www.goseong.go.kr/tour/index.goseong?menuCd=DOM_000000201001001000

경산시립박물관

경산의 문화유산을 연구 보존한다. 어린이 박물관 학교를 통해 역사를 주제로 한 체험 연계 교육을 운영한다.

경북 경산시 박물관로 46
https://museum.gbgs.go.kr

국립경주박물관

경주, 신라의 역사 및 문화를 알 수 있고, 어린이박물관에서 상설 전시 연계 체험 프로그램이 진행된다.

경북 경주시 일정로 186
https://gyeongju.museum.go.kr

국립김해박물관

가야 문화와 경남 김해의 역사를 배울 수 있으며, 가야공작소에서는 교구 체험도 할 수 있다.

경남 김해시 가야의길 190
https://gimhae.museum.go.kr

국립등대박물관

호미곶에 위치하며, 바닷길을 인도해 주는 등대에 대해 배우고 관련 체험도 할 수 있다.

경북 포항시 남구 호미곶면 해맞이로150번길 20
https://www.lighthouse-museum.or.kr

국립진주박물관

1998년 임진왜란 전문 역사박물관으로 재개관했으며, 어린이 임진왜란 체험을 할 수 있다.

경남 진주시 남강로 626-35 진주성
https://jinju.museum.go.kr

김해목재문화박물관

전통과 현대의 목재 문화를 알리고, 목공 체험과 목재 놀이터를 제공하는 체험형 박물관이다.

경남 김해시 관동로27번길 5-49

https://www.gimhae.go.kr/wood.web

김해분청도자박물관

국내 최초 분청도자기 전문 전시관으로 다양한 분청도자 작품을 전시하며, 어린이 도예 교실을 운영하고 있다.

경남 김해시 진례면 진례로 275-35

http://doja.gimhae.go.kr

복천박물관

'여름/겨울방학 어린이 박물관 교실' 프로그램에 참여하여, 직접 가야유물 만들기 체험을 할 수 있다.

부산 동래구 북천로 63

https://museum.busan.go.kr/bokcheon/index

부산영화체험박물관

영화 관련 주제의 체험형 박물관으로 영화 관련 장비와 물품, 문헌, 사진, 동영상, 영화 등의 자료를 소장하고 있다.

부산 중구 대청로126번길 12

http://www.busanbom.kr

김해민속박물관

민속유물 박물관으로 민속의 변천과 이해, 민속놀이, 의식주 등을 알아보고 체험을 할 수 있다.

경남 김해시 분성로261번길 35

http://ghfolkmuseum.or.kr

대구방짜유기박물관

전국 유일의 방짜유기를 테마로 한 전문 박물관으로 방짜유기와 그 제작 기술에 대해 다루고 있다.

대구 동구 도장길 29

https://daeguartscenter.or.kr/bangjja

부산박물관

부산의 대표적인 종합박물관으로 초등학생을 위한 '주말엔 박물관' 프로그램을 통해 다양한 주제를 다루고 있다.

부산 남구 유엔로 152

https://museum.busan.go.kr/busan/index

상주자전거박물관

여러 종류의 자전거를 전시하고 있으며, 직접 자전거를 타 보는 체험을 할 수 있다.

경북 상주시 용마로 415

https://map.naver.com/p/entry/place/11783996?c=15.10,0,0,0,dh

양산시립박물관

지역의 역사 및 문화를 주제로 하며, 어린이들을 위한 박물관 탐방과 박물관 캠프를 운영한다.

경남 양산시 북종로 78
http://www.yangsan.go.kr/museum/main.do

울산박물관

어린이들이 울산의 역사와 문화를 이해하고 흥미를 느낄 수 있는 각종 체험 활동을 운영한다.

울산 남구 두왕로 277
http://www.ulsan.go.kr/museum

울산암각화박물관

반구대 암각화와 천전리 암각화, 암각화 유적, 선사시대를 이해할 수 있는 각종 모형물과 사진이 전시되어 있다.

울산 울주면 두동면 반구대안길 254
https://www.ulsan.go.kr/bangudae/index

자연염색박물관

천연 재료를 활용한 유물과 도구, 섬유 관련 민속자료를 전시하고 있으며, 자연염색 교육을 체험할 수 있다.

대구 동구 파계로112길 17
http://www.naturaldyeing.net

정관박물관

삼국시대 생활사 박물관이다. 어린이 체험실을 운영하며, 야외에서는 민속놀이 체험을 할 수 있다.

부산 기장군 정관읍 정관중앙로 122
https://museum.busan.go.kr/jeonggwan/index

진주어린이박물관

아이들이 대상을 손으로 직접 만질 수 있는 체험형 박물관으로 다양한 전시 및 교육 프로그램을 운영한다.

경남 진주시 망경로224번길 40
http://jcm.or.kr

진주청동기문화박물관

청동기 시대의 역사와 문화를 배우고 체험할 수 있으며, 특히 야외 전시장과 수변 휴게공원이 잘 조성되어 있다.

경남 진주시 대평면 호반로 1353
https://www.jinju.go.kr/bronze.web

토지주택박물관

한국토지주택공사에서 운영한다. 우리 민족의 주거건축 문화와 토목건축 기술을 테마로 하는 전시가 이뤄진다.

경남 진주시 충의로 19 한국토지주택공사
http://museum.lh.or.kr

통영수산과학관

체험과 다양한 시청각 기기들을 통해 어린이와 어른 모두 바다의 매력에 흠뻑 빠져볼 수 있다.

경남 통영시 산양읍 척포길 628-111
https://muse.ttdc.kr

하동야생차박물관

차 전문 박물관으로 관련 유물과 자료를 소장하고 있다. 다례, 찻잎 따기, 덖음 체험 등을 할 수 있다.

경남 하동군 화개면 쌍계로 571-25 차문화센터
http://www.hadongteamuseum.org

한국궁중꽃박물관

세계 유일의 궁중 꽃 전문 박물관으로 조선 왕조 때의 궁중채화를 감상하고 체험할 수 있다.

경남 양산시 매곡외산로 232
http://www.royalsilkflower.co.kr

해금강 테마박물관

해금강 관련 유물의 특징과 역사적 흐름을 알 수 있으며 연계 프로그램에 참여할 수 있다.

경남 거제시 남부면 해금강로 120
http://www.hggmuseum.com

이상원미술관

강원도 춘천에 자리한 이상원미술관은 2014년 10월 18일에 개관했어요. 이곳에서는 이상원 화백의 1970년대부터 2022년도까지의 회화 작품과 더불어 다양한 한국 미술가들의 창작품을 소장하고 있답니다. 소장품을 바탕으로 작품 세계를 연구하고 보존하며, 전시를 통해 한국 미술의 다양성과 역동성을 보여주는 역할을 하고 있어요.

미술관 내부에는 누구나 예술을 직접 체험할 수 있는 아트스튜디오도 마련되어 있어요. 금속공방, 도자공방, 미술공방 등이 운영되고 있어 방문객들은 각 스튜디오에서 공방 작가들과 함께 예술 작업을 배우며 특별한 경험을 할 수 있답니다.

미술관이 자리한 곳은 화악산의 아름다운 자연과 어우러지는 공간이에요. 고즈넉한 풍경 속에서 예술 작품을 감상하다 보면 마음까지 편안해지는 기분이 들죠. 미술관 내부 라운지에서는 맛있는 음식과 함께 잠시 쉬어 갈 수도 있어요.

이곳은 전시를 관람하는 곳이기도 하지만 자연과 문화가 어우러진 공간에서 대중들이 예술을 새롭게 경험하고 창작의 기회를 얻을 수 있도록 돕는 곳이기도 해요. 앞으로도 꾸준한 노력을 통해 예술을 더욱 가까이에서 느낄 수 있는 공간으로 발돋음할 모습이 기대됩니다.

주소 강원 춘천시 사북면 화악지암길 99
웹사이트 http://www.lswmuseum.com/

이상원미술관 제공

젊은달와이파크

젊은달와이파크는 2014년, 오래된 술샘박물관을 재탄생시켜 만든 거대한 미술관이자 대지미술 공간이에요. 총 11개의 전시관으로 나뉘어 있으며, 현대미술 작품들과 다양한 박물관, 공방이 어우러진 독특한 예술 공간이랍니다.

기존 건물의 벽과 천장을 모두 허물고 미술관의 경계를 새롭게 연결하며 조성된 이곳은 그 자체로 현대미술의 한 형태라고 할 수 있어요. 과거와 현재, 자연과 인간, 예술과 공간이 조화를 이루며 하나의 거대한 예술 작품처럼 자리 잡았죠.

특히 영월 주천면에 위치한 이곳은 조각가 최옥영의 시그니처 컬러인 붉은색을 활용한 작품들로 꾸며져 있어요. 붉은 대나무, 붉은 파빌리온, 목성(木星) 등의

조형물들이 공간을 가득 채우고 있어 마치 다른 차원의 세계에 온 듯한 신비로운 분위기를 만들어낸답니다. 이러한 공간적 연출 덕분에 방문객들은 마치 '우주 속을 거니는 듯한' 특별한 느낌을 경험할 수 있어요.

또한 반려동물과 함께 방문할 수 있는 전시관도 마련되어 있어 반려동물과 함께 예술을 즐길 수 있어요. 3만 3천여 평 규모의 조각공원에는 구역마다 개성 있는 작품들이 전시되어 있어 자연과 예술이 함께 어우러지는 멋진 공간에서 특별한 시간을 보낼 수 있답니다.

주소 강원 영월군 주천면 송학주천로 1467-9
웹사이트 https://ypark.kr

젊은달와이파크 제공

홍천미술관

홍천미술관은 1956년에 지어진 홍천군 청사를 리모델링해 만든 공간이에요. 등록문화유산으로 지정된 이 건물은 오랜 역사를 품고 있어요. 1986년부터 2007년까지 홍천읍사무소로 사용되다가 이후 상하수도사업소를 거쳐 2014년에 지금의 홍천미술관으로 다시 태어났어요.

건물의 외관은 장방형 구조로 되어 있으며, 중앙부에는 독립 기둥과 캐노피가 어우러져 단순하면서도 조화로운 입면을 이루고 있어요. 내부 공간은 일부 변형되었지만 원형이 비교적 잘 보존된 건축물로서 강원도 내에 남아 있는 유일한 군 청사 건물이라는 점에서 그 의미가 더욱 크답니다.

미술관에서는 다양한 현대미술 작품을 감상할 수 있어요. 특히 소장품 특별전에서는 홍천 출신 작가들과 지역에서 활동하는 대표 작가들의 작품을 만나볼 수 있답니다. 전시뿐만 아니라 예술 체험 프로그램도 운영하고 있어서 지역민들이 자연스럽게 예술을 경험하고 즐길 수 있는 열린 공간이기도 해요.

현재 홍천미술관은 전시 공간에 더하여 지역과 소통하는 문화 예술 공간으로 자리 잡아 가고 있어요. 편안한 분위기 속에서 예술을 감상하며 쉬어 갈 수 있는 공간이 되도록 앞으로도 다양한 전시와 프로그램을 선보일 예정이랍니다.

주소 강원 홍천군 홍천읍 희망로 55
웹사이트 https://www.hongcheon.go.kr/museum/art_gallery

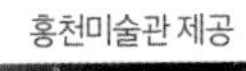

강원도 속
미술관

삼탄아트마인

삼탄아트마인은 폐광을 '흔적과 소생'이라는 콘셉트로 복원해 문화와 예술의 숨결을 불어넣은 독특한 공간이에요. 대한민국에서 폐광을 활용한 최초의 문화 예술 공간으로, 재생 공간의 대표적인 사례로 손꼽히고 있답니다.

이름 속 '삼탄'은 한때 우리나라를 대표했던 탄광인 삼척탄좌를 뜻하고, '아트마인'은 영어로 탄광(coal mine)을 의미해요. 삼탄아트마인은 2011년 2월 콜렉터이자 문화기획가로 활동하던 (고) 김민석, 손화순 관장 부부에게 발견되었어요. 그 덕에 사라질 위기에 있던 근대 산업유산이 재창조 문화 공간으로 다시 태어났죠. 과거 석탄을 캐던 공간이 예술을 피워내는 공간으로 거듭났다는 점에서 의미가 큽니다.

1964년에 문을 연 이곳은 한때 산업 시대의 메카로 번성했지만 2001년 10월 광산이 폐쇄되면서 긴 역사의 한 페이지를 마감하게 되었어요. 하지만 가슴 아픈 역사에 머물지 않고 폐광을 활용하는 동시에 새로운 공간을 더한 덕에 지금의 공간으로 재탄생할 수 있었습니다.

현재 이곳에는 9개의 전시 시설이 마련되어 있으며, 전시 외에도 다양한 체험과 서비스를 제공하고 있습니다. 여기에 강원도 정선의 아름다운 자연까지 관람객들의 감성을 채우고 치유하는 곳으로도 역할을 확장해 나가고 있습니다.

주소 강원 정선군 고한읍 함백산로 1445-44
웹사이트 http://samtanartmine.com

삼탄아트마인 제공

강원도 속
미술관 리스트

강릉시립미술관

강원도 유일의 시립 미술관으로 전시와 연계된 다양한 체험 프로그램을 운영한다.

강원 강릉시 화부산로40번길 46
https://www.gn.go.kr/mu

국제현대미술관

박찬갑 조각가의 작품들이 전시되어 있으며, 마을 선생님 체험 프로그램도 진행한다.

강원 영월군 영월읍 삼옥길 31
hhttp://ywmuseum.com/museum/index.do?museum_no=15

바우지움조각미술관

현대 조각 전문 미술관으로, 우리나라 근현대 조각계의 대표 작품 40여 점을 근현대조각관에서 감상할 수 있다.

강원 고성군 토성면 원암온천3길 37
http://www.bauzium.co.kr

석봉도자기

예술을 즐기며 도자기를 감상하고, 도자기 관련 체험 및 머그잔 만들기 등을 할 수 있다.

강원 속초시 엑스포로 156
http://www.dogong.net

아르떼뮤지엄 강릉

세계 수준의 디지털 디자인 디스트릭트가 선보이는 몰입형 미디어아트를 볼 수 있다.

강원 강릉시 난설헌로 131
https://artemuseum.com

양구군립박수근미술관

한국 대표 화가 박수근의 작품 세계를 어린이의 시선에서 접할 수 있는 각종 프로그램을 운영한다.

강원 양구군 양구읍 박수근로 265-15
http://www.parksookeun.or.kr

일현미술관

야외조각공원과 산책로, 전망대를 갖춘 미술관으로 매달 새로운 체험을 할 수 있는 프로그램이 운영된다.

강원 양양군 손양면 선사유적로 359
http://eulji.ac.kr/ilhyun/index.html

하슬라미술관

여러 볼거리와 체험 활동을 제공하는 현대미술관이며, 특히 피노키오 박물관과 관련 전시물들의 인기가 높다.

강원 강릉시 강동면 율곡로 1441
http://www.museumhaslla.com

강원도 속
박물관 리스트

강릉올림픽뮤지엄

평창동계올림픽에 대한 여러 정보를 제공하고, 컬링과 아이스하키, 스케이팅 등을 체험할 수 있다.

강원 강릉시 수리골길 102, 강릉아이스아레나 1층
http://2018olympic.co.kr/

강릉자수박물관

우리나라, 특히 강릉의 궁수와 민수를 비롯해 중국과 일본의 자수 유물과 작품을 관람할 수 있다.

강원 강릉시 죽헌동 140-2
http://www.orientalembroidery.org

강원경찰박물관

경찰의 발자취를 한데 모아 강원 경찰의 변천과 발전상을 한눈에 볼 수 있도록 해놓았다

강원 춘천시 신북읍 신샘밭로 361
https://www.gwpolice.go.kr/hall/sub01/sub01_01_01.jsp

국립춘천박물관

다양한 미디어아트를 즐길 수 있으며, 방학 때 체험할 수 있는 어린이 박물관 학교를 운영하고 있다.

강원 춘천시 우석로 70
https://chuncheon.museum.go.kr

동강사진박물관

박물관 소장품 전시 및 유명 작가 초대 사진전, 동강 사진 축제 등 각종 기획전시가 열린다.

강원 영월군 영월읍 영월로 1909-10
http://www.dgphotomuseum.com

명주사고판화박물관

국내 유일의 고판화 박물관으로 판화 체험과 전통책 만들기 등 다양한 체험을 즐길 수 있다.

강원 원주시 신림면 물안길 62
http://www.gopanhwa.com

붓이야기박물관

전통 붓의 역사와 종류, 제작 과정 등 붓과 관련된 이야기가 전시되어 있다. 붓 만들기 체험도 제공한다.

강원 춘천시 서면 박사로 906
http://brushstory.co.kr

비엔나인형박물관

각종 인형과 피규어를 전시하는 곳으로, 기프트숍과 만들기 체험도 운영하여 아이들과 함께 방문하기 좋다.

강원 평창군 대관령면 솔봉로 296
http://viennadollmuseum.com

강원도 속 박물관 리스트

속초시립박물관

우리 조상들이 사용하던 전통 생활 양식을 직접 보고 체험할 수 있으며, 전망대에서 바라보는 경치가 아름답다.

강원 속초시 신흥2길 16
https://www.sokchomuse.go.kr

애니메이션박물관

애니메이션 관련 전시물과 체험을 제공한다. 옆 건물 로봇과학관과 숲놀이터도 관람할 수 있다.

강원 춘천시 서면 박사로 854
https://www.gica.or.kr/Ani/index

영월동굴생태관

동굴에서 사는 생물들과 종류별 박쥐 박제품을 볼 수 있고, 4D 상영관에서는 실제 같은 영상을 관람할 수 있다.

강원 영월군 김삿갓면 진별리 506-22
http://ywmuseum.com/museum/index.do?museum_no=10

원주시역사박물관

선사시대부터 근현대까지 원주의 역사와 민속문화를 이해할 수 있는 자료들을 소장 및 전시하고 있다.

강원 원주시 봉산로 134
https://whm.wonju.go.kr

아리랑박물관

한국 전통 음악인 정선 아리랑과 관련된 다양한 전시와 프로그램을 제공한다.

강원 정선군 정선읍 애산로 51
https://www.instagram.com/arirangmuseum

영월곤충박물관

곤충채집법, 생태학습장 탐방, 곤충표본 제작을 할 수 있는 곤충박물관이다.

강원 영월군 영월읍 동강로 716
http://www.insectarium.co.kr

영월미디어기자박물관

한국 신문의 역사와 기자들이 사용했던 타자기, 카메라, 과거 정기간행물을 관람할 수 있다.

강원 영월군 한반도면 서강로 1094
http://ywmuseum.com/museum/index.do?museum_no=21

정동진시간박물관

기차를 개조하여 만든 박물관에서 시내별 시간 측정 기구들을 볼 수 있다. 가믈란 겐더라는 인도 전통 악기 체험도 가능하다.

강원 강릉시 강동면 헌화로 990-1, 모래시계 공원 내
http://timemuseum.org

조선민화박물관

5천여 점의 민화 유물 중 250점을 상시 순환 전시하고 있으며, 전문 해설가의 설명으로 좀 더 쉽게 이해할 수 있다.

강원 영월군 김삿갓면 김삿갓로 432-10
http://minhwa.co.kr

춘천막국수체험박물관

직접 막국수를 만들고 맛볼 수 있는 체험을 제공하는 곳으로 반죽부터 면 뽑기까지 전 과정에 참여할 수 있다.

강원 춘천시 신북읍 신북로 264
https://makkuksu.modoo.at

태백고생대자연사박물관

한국 유일의 고생대 전문 박물관이다. 고생대 지질과 생물 화석을 전시하며, 관련 체험도 제공한다.

강원 태백시 태백로 2249
https://tour.taebaek.go.kr/tpmuseum

DMZ박물관

DMZ의 역사와 문화 군사 생태 등 모든 것이 전시되어 있어 아이들에게 역사 체험과 교육을 제공한다.

강원 고성군 현내면 통일전망대로 369
https://www.dmzmuseum.com

책과인쇄박물관

인쇄박물관에서 옛날 방식 인쇄의 개념과 방식을 이해하고 다양한 활판인쇄 및 활자 관련 체험을 할 수 있다.

강원 춘천시 신동면 풍류1길 156
http://www.mobapkorea.com

춘천인형극박물관

인형극의 역사와 자료를 보고 관련 체험도 할 수 있는 곳이다. 야외에 작은 놀이터도 운영한다.

강원 춘천시 영서로 3017
http://www.cocobau.com

홍천박물관

지역의 역사와 문화를 전시하는 곳으로, 홍천의 문화재를 소재로 오감을 만족하는 체험을 할 수 있다.

강원 홍천군 홍천읍 장전평로 18
https://www.hongcheon.go.kr/museum/hcm/

김영갑갤러리두모악

김영갑갤러리두모악은 폐교된 삼달분교를 개조해 2002년 여름에 문을 연 미술관이에요. 갤러리의 이름인 '두모악'은 한라산의 옛 이름이라고 해요. 20여 년 동안 제주도의 풍경을 사진에 담아온 김영갑 선생님의 작품이 이곳에 전시되어 있답니다.

내부에는 다양한 전시 공간이 마련되어 있어요. '두모악관'과 '하날오름관'에서는 지금은 사라진 제주의 옛 모습을 감상할 수 있고, 쉽게 눈에 띄지 않는 제주 속살의 아름다움을 담은 작품들도 만나볼 수 있답니다. '유품전시실'에는 김영갑 선생님이 생전에 보던 책과 카메라가 남아 있어 그가 어떤 시선으로 세상을 바라보았는지 느낄 수 있어요. 그리고 '영상실'에서는 평생 작품 활동을 이어간 선생님의 이야기를 영상으로 감상할 수 있어요.

이곳을 찾으면, 김영갑 선생님의 젊은 시절부터 루게릭병을 앓으며 투병하던 당시의 모습을 사진과 영상으로 접할 수 있어요. 마지막 순간까지 사진에 대한 열정과 삶의 의미를 놓지 않았던 그의 흔적들이 곳곳에 남아 있답니다. 또한 생이 끝나기 전 손수 일군 야외 정원은 미술관을 찾는 이들을 위한 편안한 휴식과 명상의 공간으로 꾸며져 있어요.

김영갑 선생님은 불치병으로 더 이상 사진을 찍을 수 없게 되자 자신의 생명과 맞바꾼 듯한 정성으로 이곳을 일구었어요. 그렇게 탄생한 두모악에는 오로지 사진을 향한 사랑과 예술가로서의 애절한 삶이 고스란히 담겨 있답니다.

주소 제주 서귀포시 성산읍 삼달로 137
웹사이트 http://www.dumoak.com

김영갑갤러리두모악 제공

제주도 속 미술관

돌하르방미술관

돌밭에 뿌리내린 곶자왈 숲과 제주의 얼굴, 돌하르방이 어우러진 곳. 돌하르방미술관은 제주의 숨결을 간직한 공간이에요. 제주를 대표하는 유물이자 상징인 돌하르방을 주제로 조성한 이곳은 5,000평 규모의 넓은 대지 위에 다양한 형태의 돌하르방과 조형물들을 담아낸 아름다운 정원이랍니다.

돌하르방미술관은 제주 조천읍에 자리하고 있어요. 제주 토박이 김남흥 원장님이 10년 넘게 직접 일구어 만든, 생명과 평화의 의미를 담은 문화 예술의 정원이지요. 단순히 돌하르방을 전시하는 곳이 아니라 그 속에 담긴 역사와 제주인의 정신을 함께 느낄 수 있는 곳이죠.

이곳에는 제주도 곳곳에서 수집한 48기의 돌하르방이 원형 그대로 전시되어 있어요. 뿐만 아니라 현대적인 해석으로 재탄생한 돌하르방과 다양한 조형물들도 야외 공원에 전시되어 있어 자연과 어우러진 특별한 분위기를 자아낸답니다.

아이들과 함께 즐길 수 있는 각종 체험 프로그램도 마련되어 있어요. 돌하르방·동자석 만들기, 아트 스크래치, 판화 찍기 등 예술가와 함께 다채로운 활동을 경험할 수 있죠. 제주만의 자연과 문화, 그리고 예술이 어우러진 이곳에서 제주의 간직한 생명과 평화의 숨결을 온전히 느껴보세요.

주소 제주 제주시 조천읍 북촌서1길 70
웹사이트 https://www.visitjeju.net/kr/detail/view?contentsid=CONT_000000000500150

돌하르방미술관 제공

기당미술관

기당미술관은 제주 출신의 재일교포 사업가 기당(奇堂) 강구범 선생님이 고향을 위해 건립하여 서귀포시에 기증한 미술관이에요. 1987년 7월 1일 개관했는데, 건축가 김홍식 선생님이 설계했고, 제주 전통 농가에서 '눌'이라 부르는 나선형의 지붕과 동선이 특징이에요. 이는 차곡차곡 쌓아둔 곡식 더미를 형상화한 디자인으로, 제주다운 멋을 품고 있답니다.

이곳에서는 기당미술관이 소장한 작품들을 중심으로 한 소장품 특별전과 매년 서너 차례씩 지역 및 초대 작가들의 작품을 선보이는 기획전이 열려요. 덕분에 지역 예술인들과 시민들이 함께 예술을 감상하고 소통할 수 있는 열린 공간이 되고 있어요.

상설전시실에서는 기당 강구범 선생님의 친형이자 서예가인 수암 강용범 선생님의 유작이 전시되고 있답니다. 또한 제주 출신의 화가 변시지 선생님의 작품들을 감상할 수 있는 '우성 변시지 전시실'도 마련되어 있어 제주의 자연과 감성을 담은 서정적인 작품들을 만나볼 수 있어요.

2017년에는 관람객들이 더 편하게 머물 수 있도록 '아트라운지'가 새롭게 조성되었어요. 이곳에서는 미술 관련 서적을 살펴보며 조용히 휴식할 수도 있고, 가볍게 체험 프로그램을 즐길 수도 있답니다. 전시 감상에 더하여 예술과 일상이 자연스럽게 어우러지는 공간으로 자리 잡아 가고 있어요.

주소 제주 서귀포시 남성중로153번길 15
웹사이트 https://culture.seogwipo.go.kr/gidang/index.htm

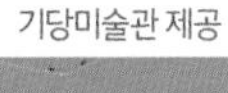
기당미술관 제공

제주도 속 미술관 리스트

노형수퍼마켙

미디어아트 테마파크로 총 5개의 전시 공간으로 구성되어 있으며, 특히 흑백 사진, 미디어아트가 인상적이다.

제주 제주시 노형로 89

http://nohyung-supermarket.com

산지천갤러리

옛 여관 건물(구·금성장, 녹수장) 두 동을 연결하여 리모델링한 곳으로 실험적인 전시기획 및 연계 프로그램을 운영한다.

제주 제주시 중앙로3길 36

http://www.sjcgallery.kr/index.php

아라리오뮤지엄 탑동시네마

원도심에 버려진 건물을 이용해 설립된 곳으로 현대미술 설치작품을 마음껏 볼 수 있다.

제주 제주시 탑동로 14

http://www.arariomuseum.org

아르떼뮤지엄 제주

'섬'을 테마로 하여 빛과 소리로 만들어진 11개의 다채로운 미디어아트 전시를 볼 수 있다.

제주 제주시 애월읍 어림비로 478

https://artemuseum.com/JEJU

왈종미술관

조선백자에서 모티브로 설계된 미술관은 제주도의 이국적 정취와 아름다운 절경을 다양한 매개체로 표현한 작품들을 만나볼 수 있다.

제주 서귀포시 칠십리로214번길 30

http://walartmuseum.or.kr

유동룡미술관

재일 교포 건축가인 유동룡(이타미 준)을 기리는 공간으로 작가의 건축 작품, 회화, 서예, 조각 등을 관람할 수 있다.

제주 제주시 한림읍 용금로 906-10

https://itamijunmuseum.com

이중섭미술관

서귀포시에 거주하며 많은 그림을 그린 대향 이중섭 화백의 작품과 편지 등을 전시한 공간이다.

제주 서귀포시 이중섭로 27-3

https://culture.seogwipo.go.kr/jslee/index.htm

저지문화예술인마을

유명한 예술가들이 모여 작품활동을 하며 살아가는 곳으로 마을 자체가 거대한 미술관이다.

제주 제주시 한경면 저지리 2120-112

Http://www.jeju.go.kr/artist/index.htm

자연사랑미술관

천혜의 자연경관으로 이뤄진 화산섬 제주의 사계절을 사진 작품으로 만나볼 수 있다.

제주 서귀포시 표선면 가시로613번길 46

http://hallaphoto.com/default

제주김택화미술관

일평생 제주의 풍경을 그린 추상화가 김택화의 예술세계와 삶의 여정을 담아낸 공간이다.

제주 제주시 조천읍 신흥로 1

https://kimtekhwa.com

포도뮤지엄

세대간의 공감을 기획 의도로 하여 꾸며진 미술관이다. 매년 전시와 연계하여 제공하는 문화 프로그램을 만나볼 수 있다.

제주 서귀포시 안덕면 산록남로 788

https://www.podomuseum.com

전이수갤러리_걸어가는늑대들

전이수 작가의 따뜻하면서도 통통 튀는 상상력이 담긴 작품들을 감상할 수 있는 곳으로 도슨트 프로그램을 운영한다.

제주 제주시 조천읍 조함해안로 556

https://www.instagram.com/gallery_walkingwolves/

제주도립미술관

다양한 전시를 제공하는 미술관에서 어린이 미술학교와 청소년 미술 관련 직업 프로그램을 체험할 수 있다.

제주 제주시 1100로 2894-78

https://www.jeju.go.kr/jmoa/index.htm

제주도 속 박물관 리스트

국립제주박물관

제주의 산, 돌, 바다를 배경으로 살아온 제주 사람들의 이야기를 소개하며, 어린이 체험 공간이 있다.

제주 제주시 일주동로 17

https://jeju.museum.go.kr

그리스신화박물관

서양 문명의 근원이 되는 그리스 신화를 여러 체험을 통해 자연스럽게 배우고 익힐 수 있다.

제주 제주시 한림읍 광산로 942

http://www.greekmythology.co.kr

넥슨컴퓨터박물관

도슨트를 비롯해 달마다 다른 체험 프로그램이 운영돼 어린이들이 흥미를 느낄 수 있다.

제주 제주시 1100로 3198-8

https://computermuseum.nexon.com

무비랜드왁스뮤지엄

세계의 문화사적 유물, 영화 소품과 의상 등 테마별로 피규어 재현이 잘되어 있다.

제주 서귀포시 중문관광로 205

https://www.instagram.com/movielandwax

바람의정원

바람과 관련한 연, 바람개비, 풍차, 열기구 등 다양한 아이템을 교육적으로 전시한 곳이다.

제주 서귀포시 안덕면 화순리 2045

http://worldkitemuseum.kr

본태박물관

건축물이 아름다운 박물관으로 전통과 현대 공예품의 아름다움을 탐색할 수 있는 전시가 열린다.

제주 서귀포시 안덕면 산록남로762번길 69

http://bontemuseum.alltheway.kr

서귀포감귤박물관

세계 각국의 감귤나무와 제주 향토 재래 귤을 전시하고 있으며, 감귤 따기 체험도 할 수 있다.

제주 서귀포시 효돈순환로 441

https://culture.seogwipo.go.kr/citrus

세계자동차&피아노박물관

자동차의 역사와 문화를 배우고 피아노 예술품들을 관람할 수 있으며, 교통 및 음악 프로그램을 체험할 수 있다.

제주 서귀포시 안덕면 중산간서로 1610

http://worldautopianomuseum.com

세계조가비박물관

알록달록한 다양한 조개, 산호 등 조형 작품들을 관람하고 직접 작가가 되어보는 체험도 할 수 있다.

제주 서귀포시 태평로 284
http://wsmuseum.smart9.net

제주민속촌

가장 제주다운 곳으로 전문가의 고증을 통해 구성한 박물관으로, 동물원, 테마파크, 민속 체험 등 각종 볼거리와 체험을 제공한다.

제주 서귀포시 표선면 민속해안로 631-34
https://jejufolk.com

제주옹기박물관

제주 전통 옹기 문화에 대한 전시가 열리며, 직접 제주 옹기를 만들어보는 체험을 제공한다.

제주 서귀포시 대정읍 무영로254번길 3-1
http://jejuonggi.com/

제주유리박물관

우리나라 유일의 유리 전문 박물관으로 유리 공예품을 만들어볼 수 있는 체험 공간이 있다.

제주 서귀포시 중산간서로 1403
http://glassmuseum.fortour.kr

제주항공우주박물관

최첨단 기술과 멀티미디어를 이용한 여러 재미있는 체험 시설 및 교육 프로그램을 운영한다.

제주 서귀포시 안덕면 녹차분재로 218
https://www.jdc-jam.com

제주해녀박물관

제주 해녀의 삶과 일터를 비롯해 고대 어업에 대해 관람하고 연계 체험도 할 수 있다.

제주 제주시 구좌읍 해녀박물관길 26
http://www.jeju.go.kr/haenyeo/index.htm

제주해양동물박물관

해양 동물과 각종 물고기를 관찰하고 체험 활동지로 직접 학습할 수도 있는 이색적인 박물관이다.

제주 서귀포시 성산읍 서성일로 689-21
http://www.jejumarineanimal.com/

초콜릿박물관

프리미엄 초콜릿과 카카오에 대한 전시를 관람하고 초콜릿 만들기 체험도 할 수 있어 가족 여행지로 좋다.

제주 서귀포시 대정읍 일주서로3000번길 144
http://chocomuseum.alltheway.kr

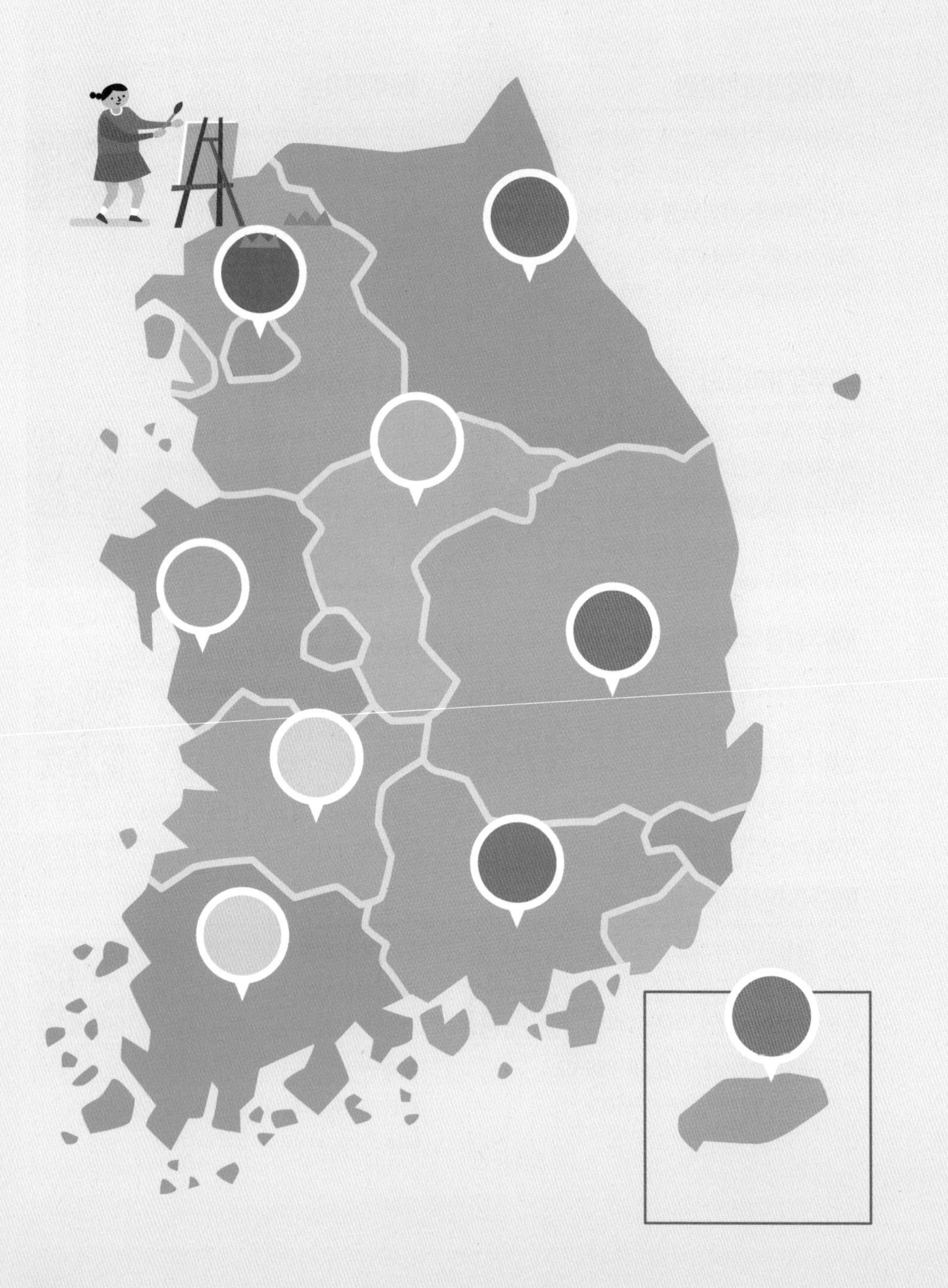

나의 미술관 지도

아이와 다녀온 미술관을 적고, 지도에 표시해 보세요.

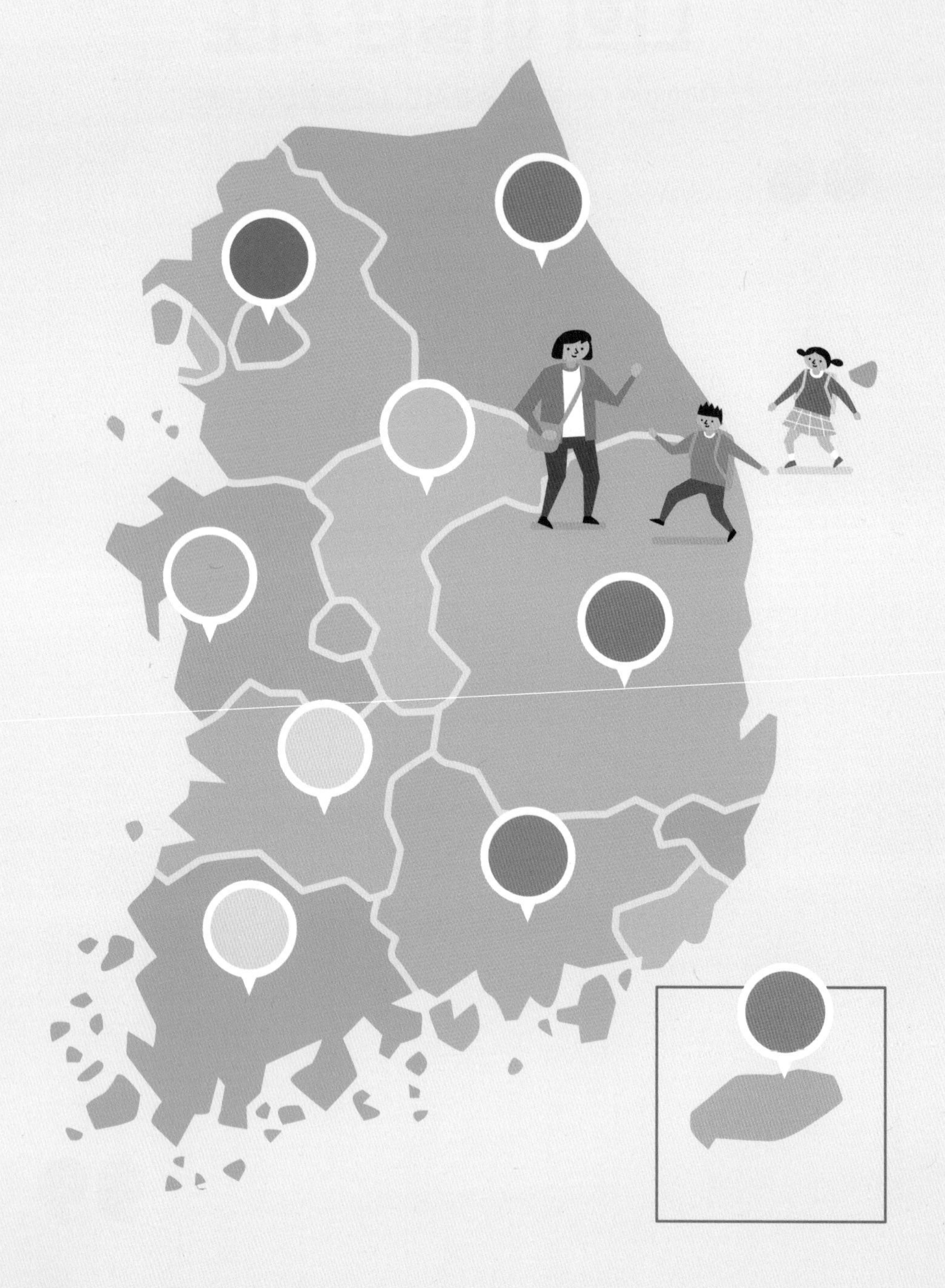

나의 박물관 지도

아이와 다녀온 박물관을 적고, 지도에 표시해 보세요.

미대엄마와 함께 가는 미술관 여행

초판 1쇄 발행 2025년 6월 2일

지은이 | 최미연
펴낸이 | 유성권

편집장 | 윤경선
기획 · 편집 | 상컴퍼니
편집 | 김효선, 조아윤
홍보 | 윤소담, 박채원
디자인 | 박상희, 이시은, 박민지, 박승아
교정 · 교열 | 강지예
마케팅 | 김선우, 강성, 최성환, 박혜민, 김현지
제작 | 장재균
물류 | 김성훈, 강동훈

펴낸곳 | (주)이퍼블릭
출판등록 | 1970년 7월 28일, 제1-170호
주소 | 서울시 양천구 목동서로 211 범문빌딩 (07995)

대표전화 | 02-2653-5131 팩스 | 02-2653-2455
메일 | loginbook@epublic.co.kr
인스타그램 | www.instagram.com/book_login
홈페이지 | www.loginbook.com

로그인은 (주)이퍼블릭의 어학·자녀교육·실용 브랜드입니다.